家训智慧

马辉 著

人民东方出版传媒
People's Oriental Publishing & Media
东方出版社
The Oriental Press

推荐序　精神的引擎

（一）万物皆为吾师

德国诺贝尔文学奖获得者黑塞说："中国经典给我开启了一个新世界，无此新世界，真不愿苟活于世。"他所说的经典，就是以《易经》《道德经》《论语》等为主的中国典籍群。而最广为世人所知的中国圣贤及经典便是孔子及其《论语》。

当年，孔子带弟子们去参观鲁桓公的庙堂，突然看见一只形体倾斜易覆的器皿。孔子便对守庙人说："请告诉我的弟子们，这是什么器皿？"守庙人说："这是一只放在座位右边的器皿，名字叫敧器。"孔子便对弟子们说："这个座右之器，它空着的时候会倾斜，装了一半水就会平正，可装满了又会倾覆。"

弟子们都第一次听说，表情很惊讶。孔子见状，便让子路取水来试，果然敧器空着时便倾斜，水装到一半时就垂直而立，水装满后就会倾覆。孔子感慨地说："唉，哪里会有满而不倾覆之理呢？"子路问："请问有保持水满的方法吗？"孔子说："持满的方法，压抑然后使之减损。"子路问："减损有方法吗？"孔子说："聪明睿智的人，以愚笨之道守之；禄位尊盛者，以卑弱退让之道守之；人众兵强的人，以敬畏之道守之；财物富裕的人，以谦恭之道守之。这就是所谓不断装满又不断损耗的抑损之法啊。"

孔子通过敧器来让弟子们铭记：不要自骄自满，要明白物极必反的道理，否则一定会跌倒，还要明白"反者，道之动"（《道德经》）的天地势能运行规律，提醒人们"功有所不全，力有所不任，才有所不足"（明代宋濂《潜溪邃言》）。待人接物一定要谦虚。

（二）天下共一训

这个润物无声的孔子，对世界文化的影响十分巨大。在世界文化史上，首次提出"轴心时代"的德国哲学家、教育家雅思贝尔斯，在其《四大圣哲》一书中，将中国的孔子与古印度的释迦牟尼、古希腊的苏格拉底和古犹太的耶稣，并蒂于世界文明之巅。何其伟矣！

十八世纪法国启蒙运动的泰斗，被誉为"法兰西思想之王""欧洲的良心"的思想家伏尔泰，亦认为孔子是在全世界都找不到的伟人。汉代司马迁在《史记·孔子世家》中写到孔子时，越写越激动，最后竟然情不能已，跑到孔子墓前徘徊沉思，久久伫立……

北宋五子之一的周敦颐在其《通书》中评价孔子："宜乎万世无穷，王祀夫子，报德报功之无尽焉！""道德高厚，教化无穷，实与天地参而四时同，其惟孔子乎？"是的，何止是国君祭祀孔子！孔子对后世"教化无穷"的功德是永远也回报不完的——宋代朱熹对此更是发出肺腑之音："天不生仲尼，万古长如夜。"是的，孔子删《诗》《书》，定《礼》《乐》，作《易传》，著《春秋》，彰古烁今，宣教报国，成为万世师表和中国文化史上无人企及的典范！只要中华民族还在，中华文化还在，孔子的精神和思想就永远不会泯灭！

尤为值得一提的是，作为世界大家庭的联合国，也将孔子所言的"己所不欲，勿施于人"悬挂于门口，使其成为世界人文精神的坐标和安身立命的精神引擎。

这种"家训"作为生命的砥砺之言，数千年来，为世人留下了缕缕浩然之气，无数后人都是在这些精神气息中渐渐长大的。其丹心韬意，于同声相应、同气相求之中并蒂方寸，在生生不息的出类拔萃中，引领人们凯旋而去……

（三）千秋万代的指引

毛主席曾说，历史上有两部大书：一是《资治通鉴》，一是《史记》。二者人们都耳熟能详。其中,《资治通鉴》作者司马光,因为"砸缸"之举,更为人早知。

《资治通鉴》给世人传递了两个重要的特质,一个是"守正",一个是"出奇"。"守正"就是要讲德治(价值观),"出奇"就是要讲权变(涉事技巧),二者互为表里,并行不悖。这是司马光展示给社会的伟大之处。

司马光"德治"的强调,还体现在他给族人留下的家训中。他说:"积金以遗子孙,子孙未必能守;积书以遗子孙,子孙未必能读;不如积阴德于冥冥之中,以为子孙长久之计。"这段话,不仅至今仍对身为父母者具有巨大的借鉴意义,其精神内质更香飘海外,光耀了无数灵魂,广为传颂。

提及《资治通鉴》,我们需要感谢一个人——与司马光同时代的北宋名士陈瓘!

《宋史》载陈瓘:"其谏疏似陆贽,刚方似狄仁杰,明道似韩愈。"他与陈师锡被称"二陈",其精神与岳飞、文天祥同辉……更重要的是:在蔡京之弟蔡卞(王安石女婿)及林自等人即将把《资治通鉴》毁版时,时任太学博士的陈瓘,不畏权贵,巧出太学考题,故意引用宋神宗为该书写的序,导致该书未能被毁。否则,今日之中国,则无《资治通鉴》!

陈瓘是士大夫精神的代表。宋高宗曾对辅臣们说:"陈瓘当初为谏官,正直的议论,对国家大事多次陈言,现在看来都是对的!"因此,特谥陈瓘为"忠肃",赐葬扬州禅智寺。陈瓘既能安贫乐道又不失节操的性格,与其家族世代相传的"十六字族训"有着密切关系："事亲以孝，事君以忠，为吏以廉，立身以学。"

（四）代代有良笔

陈瓘保护《资治通鉴》所带来的价值，让我想起当年萧何在楚汉争霸时，带兵围守秦朝丞相御史府，所获取的宝贵一手资料，诸如户籍、地形、法令等。要知道，这些涵盖各处军事、地理、人文、经济的详细情报，为之后的刘邦夺取天下占尽了先机。

足见，这种远见堪为启动未来福德的重要引擎之一。

并且，代代皆有如此担当者。

女史马辉，三秦大地一文才。2016年入十翼书院参学，精进不懈之余，有感于宋人"何以保家族长久计，回乡办书院"之精神，于2019年在西安创办卓生书院，而从院训"千载净人意，万机养民心"中，可见其心可昭，其情可鉴！愿其饱具古贤风骨，不负儒者真实义。

精神的聚焦点，是生命重要的投影源。因感家训之重要，其又遂于闲暇之际，周游四方，笔耕不辍，点点滴滴汇为本书。诸君若能于书中得见历代精神之芬芳——温情、感恩、包容、印心与体悟……则请一并感恩先贤。

汉代贾谊《新书》曰："爱出者爱返，福往者福来。"

是的，见仁见智，取好用之，无论富贵穷通、见地交锋，都不妨碍你精神的昂扬!

是为序。

十翼书院山长 米鸿宾
2020 年 4 月 18 日于日本大阪

自序

中国人对于"家"，有着无与伦比的深情。姓氏血脉，是族群无法断开的连接，因为家族每一个人，更有聚合力。《易经》六十四卦，"家人"为一卦。"家人"内也，而内外的合一，才是上"道"的成人。

家训，百年前家家都有。

即使如今，如果听人说"这个人家教好"，我们很清楚那是很高的评价，因为中国人长大成人必须完成的教养，都是在家族、家庭中获得的。书中选取的这些先贤或近代人物，完全是基于笔者自己的喜好，并非设计。他们活跃在我眼前，带着笑意。

族有族训，家有家谱，对祖先的信仰，凝聚着整个家族的荣誉感。在中国，"家"本就源自天子、诸侯、士大夫的建制，渐因"增熵"散布为千百姓氏，而这份基因就渗透在每个人的血液中。五千年文明就在那里，我们从中汲取什么，取决于我们这颗心。

我们一定会发现，任何时候，能量守恒。你若不在土地上播下种子，到了春天，一定是遍地杂草。也许有人会赞叹杂草，但秋天呢？你只能收获荒芜，然后饥寒交迫，流浪生死。

一百多年相对于我们的历史太短暂，但是它的蝴蝶效应却极大。在近代一百多年的纷乱岁月里，我们慌不择路，势必遗失了很多家当。其中，有因为家道中落而被出卖掉的，换回些钱财养家糊口，也有自己不懂珍惜而扔掉的，一时明白了又捡回来一些，路上光怪陆离，心浮气躁时又丢了些。等到有一天，重新回到家园，发现古树依旧根深叶茂，而偌大的庭院十室九空，背上的行囊很重，放下一看，居然有那么多垃圾。

我们很好奇，近一百多年来，华夏大地上的这些精英——本书中的一位位主人公，他们的心如何养得这么丰满？他们的生命，在历史的泥石流中，何以如此清澈？他们的底气从哪里来？他们所思所想依据的是什么？他们那种各自饱满又有着某种相同底色的人生因何如此从容？那份驾驭各种角色的笃定源自何处？……

我们找到的那个家教的共同因子，是中国人精神信仰的"公约数"，其呈现叫作"门风"，叫作家训。在他们身上，我们看到被今天的人称作"贵族精神"的气质，而其实，中国人把它叫"贵气"，有了它，可以富可以贫，可以浮可以沉，可以顺可以逆，但绝不会失去尊严。这个"气"是人的神圣性，孟子说它需要养，才能成为浩然正气。有了它，人就立起来，在天地之间，算是成人，而非成年而已。这是人的觉醒，无论迟早。

从礼乐邦家到乡村宗族，从私塾到书院，从先秦到明清，再到近代百年，一切都是人的问题。

我们的祖先用各种方式想让我们明白何谓人，如何成人，于是出现了诸子百家，以及历朝历代的精神贵族。唯有人能教育人，知识不能。在暇满难得的人生中，我们唯一能做的，是怀着敬意和诚意，闻之、行之、终之。

2020 年 4 月长安

庚子季春 清明

目录

第一章　传家之道　必有其根

近年来兴起了"复古热"：汉服热、国学热、古董热、收藏热、仿古小镇热……往远顾盼，那些古意盎然的事物背后，仿佛确有什么牵绊，若隐若现，气若游丝却牵动着我们肋间闷痛，舍不得断离——明月小楼，帘卷西风，门楣照壁，庭院疏竹……那是我们梦中的家，笔墨纸砚，翰墨书香，茶味琴音，还有朝夕柴米油盐，烟火蕴藉，以及那部用锦盒收藏，未及翻开即已让人心里一热的陈年家谱：祖先姓氏渊源，世世代代姻亲，子嗣取名序齿……事无巨细。在扉页上，有似懂非懂的几句话——必是家训，从时光深处浸润下来。

即使跋涉在最深重的苦难中，那份源自祖先的高贵，亦从未消失；那份深入骨血的良知与担当亦从未泯灭；那份对中国传统文化香火余温的情思，藏在每个姓氏与家族的族谱和家训中，已不知从何起，一往而深。

三千余年前，周代初开帝王家训之先河，文王、周公对子侄辈的训示，在《诗》《书》诸经，"诒厥孙谋，以燕翼子"，至今仍散见于各地老宅、古村落的百姓门楣上。世界各地，哪里有华人哪里就有修祠堂奉祖宗的家风，各处"燕翼""诒谋""克定厥家""克昌厥后"等牌匾，皆出于这些最初的训诰，子孙一代代望其言而得其意，只要家训一息尚存，无论和平与战乱，天涯海角，形散而神不散。后辈咬住几句，便可临事大节不失，方寸不乱。

魏晋南北朝是中国文化的又一个节点。《颜氏家训》于玄学之外横空出世，七卷二十篇，人文、治家、为人处世，在情在理，无论巨细，理事圆通。修身养性之功夫、安身立命之方技、品节风度之妙要、治学立身之门径、家庭关系之枢机、生老病死的对待……道与术兼备。这位伟大的作者颜之推，十二岁前喜好玄学，祖孙三代都曾在南北二朝迭代为官，隋朝统一后再受重用，所幸历经离乱后安稳下来，为我们留下这部古今家训之祖！颜之推倾其一生心血，让家训智慧在家族教育中得以系成文字。有人赞它家法最正，相传最远，作为孔门圣哲颜回的三十五世孙，颜之推绝对当之无愧。

由"宗经涉事"（通经致用）至"守先待后"（传承以待后人），对祖上家风及优秀传统，没有敬、信、行，就谈不到传承与发扬，到了北宋，司马光继著《温公家范》十卷。世人尽知《资治通鉴》是治国之"鉴"，莫知《家范》就是治家之"鉴"。那句"积金以遗子孙，子孙未必能守；积书以遗子孙，子孙未必能读；不若积阴

邵雍故居"安乐窝"

德于冥冥之中，以为子孙长久之计"，正是此书万世传家之宝训。何谓阴德？做了善事别人不知，这叫阴德，这样得的福报方能聚沙成塔，明代《了凡四训》即是佐证。

必先齐家，方可治国，这是先贤的共识。家这一根本若已支离破碎，而后欲救治一国，怎么可能？家道一正，天下就正，"其家不可教而能教人者，无之"。司马光引《大学》说，家都管不好，自家子弟都教育不好，出来教育别人，怎么能让人信服而心生尊重呢？

北宋五子翘楚人物邵雍（康节先生），在洛阳的宅邸曰"安乐窝"，至今仍在，院内碑刻《戒子孙》家训："上品之人，不教而善；中品之人，教而后善；下品之人，教亦不善。""善也者，吉之谓也；不善也者，凶之谓也。"世人皆知趋吉避凶，善与不善，吉凶立判。邵子欲让后人明白：所谓圣，是不教而达到自我完善；能够受教而后改过迁善，可称得上贤；教而后虽知，但就是不去行善，那是真的愚痴！

洛阳安乐窝、邵子墓　2018 年 11 月拍摄

见贤思齐，比肩圣贤，一直是中国文化的内驱力，它与佛家所说"本自具足"根本是不二的，也就是庄子所说的内圣外王——不是向谁看齐，而是通过这种"法乎上"，找到自己的那个不曾染污的本源，也就是孟子、王阳明一直说、一直被曲解的"人人皆可成圣贤"。如果不能实现内外相合，是不能自利利他的。我们每个人都要意识到，此生不易，每个人应对自己的生命负全责，非但父母不能替代子女，先人企望靠留遗产保后人一生无忧皆是妄念，你怎管得了后代生老病死？子女或许可以在他人艳羡的目光下仰赖父辈的权势、财富而快活潇洒一时，但如终不能成一个自力更生的独立的人，迟早在短暂的快活中将祖上阴德消耗殆尽。孔尚任《桃花扇》说得切实，"眼看他起朱楼，眼看他宴宾客，眼看他楼塌了……"

南宋朱熹夫子权衡以往家训的利弊得失，将司马光《温公家范》中的大量故事编辑成《小学》（内外篇共十一卷），拣择出以往家训中的行为规范操作细节而成《童蒙须知》（含衣冠、语言、洒扫、读书、杂细五卷）；另有《朱子家礼》，专辑通礼、冠礼、婚礼、丧礼、祭礼五卷。今天，我们对这部《朱子家礼》并不熟知，但在韩国，早将之奉为圭臬，甚至曾于明朝时提至国策高度，与典章制度一起成为韩国士人们必修的儒学经典。国人较为熟悉的是《朱子家训》，它将自古家训中最根本、最精髓的思想哲理化，简洁集萃为"训"义，区区317字，极易传诵。

至明清时期，家书、家训在民间也未曾失色，反倒让人想起孔子言，"礼失而求诸野"。百姓日用教化，越是风云变幻越反照出家道的贞固。我们熟知的王阳明、曾国藩、左宗棠，其家训早已超出一门一族，兄弟子侄、亲朋好友甚至门生故旧，无不熏染家风，因其淳朴奋进而人才代出。曾氏后裔中当年有不少人留学欧美或日本等国，博士、硕士不罕见；院士、教授、研究员、高级工程师多达百余人。敬义立而德不孤，史上这些家族生生不息的人才群体，积聚成中国社会直内方外、自利利他的精神库存。

回到三百多年前的明末清初，教书先生朱柏庐伏案凝思，当时他内心何思何虑？简单才是最大的挑战。作为朱子后人，朱柏庐《治家格言》仅 520 余言，深入浅出，在民间影响力巨大，即后世俗称的《朱子家训》。陕西的"古民居之光"——韩城党家村，自元代起七百年绵延不绝，家训格言就刻写在影壁、山墙、门庭上，至今完好。中国这样的村落，南北西东，星罗棋布。

一百多年前，梁启超先生就说，先秦诸哲、隋唐诸师之所言所著，哪个不是仁慈圣善的祖宗为我们积累下的遗产呢？是我们不肖，不会享用。所以，后来人要存有尊重爱护本国文化的诚意，更要研究才有真创新，然后发扬推广，让全人类都受益。观其一生，梁启超先生正是传统文化养育下的读书人，更是变革时代最好的表率。

"高高山顶立，深深海底行。"智者身教，高处着眼，低处入手。治家家训，让我们直视每天汹涌的情绪与碎片化的信息；各行各业那些缺乏精神内核的速成心态，让我们反思，今天的家庭教育，起点在哪里？落脚点又在哪里？几度风雨，那些家诫、祖训、族规、乡约……早已被我们遗弃多年，至今仍不知痛惜。

"祖宗虽远祭祀不可不诚，子孙虽愚经书不可不读"——选自朱柏庐《治家格言》

2017 年 5 月摄于党家村书院碑刻展室

何处是我家

人生世间，家，是人的根，家训是维系传统文化的血脉，也是"守先待后"的日用常行。

如果说，身为一个中国人，对于家的理解，理应远深于其他民族，不知会不会有人不乐意。不妨让我们从字字无量义的汉字说起。

都说文以载道，那么，文与字里的家，是怎么来的？

仓颉造字，最初是文，即一笔一画的象形文。

象形部首"宀"，它真正发音是 mián，有了汉语拼音后，就念成"宝盖头"。其实，它独立成文，有形有声有义而为字，于甲骨文里就已存在。

2017 年 10 月摄于曲阜孟子祠 "守先待后"

东汉许慎《说文解字》中的"宀"的写法，⋂，是一种我们先人称为"深屋"的住所，东西南北四面交互覆盖，有堂有屋，比《易经》里上古先民穴居野处时代那种野外洞穴大有升级，但也并非地面建筑的宫室，倒类似今天陕北的窑洞，或更像那种堂与舍都在地平线以下，顺势以土为四壁和屋顶，院子四面方方正正，可遮风避雨，冬暖夏凉的地下窑洞。黄河流域的河南、山西、甘肃素来有这样"穴居"的风俗，屋内火炕取暖，可以装修得很坚固舒适，摆设一应俱全，唯独采光通风有点缺憾。

再看看，这就是我们古老的家——由画而文，由文而字的演变。

《说文解字》里，"家"字是秦统一后的小篆，而这个"家"或是春秋乃至西周的古文，更近象形文字的味道。

国内有学者研究，"家"应是指以猪祭祀，而不是通常解释的家里养猪。这是因为"家"的源头有几个层级。现代古文字学者容

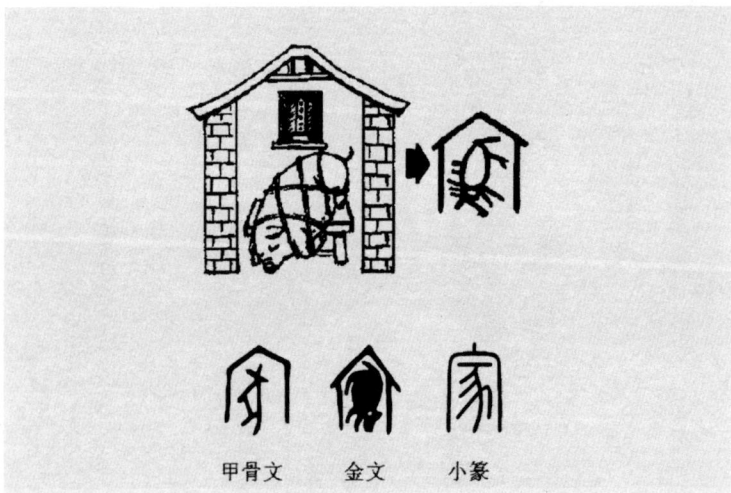

| 甲骨文 | 金文 | 小篆 |

家的文字流变

庚先生也说，"宀"代表宗教建筑，所有"宀"的文字都与祭祀有关，究其文字本意时，要放到宗教情景中去解读。搁笔想来，我们祖先的信仰，是天地自然大道，是山川十方世界，是不止于宗教祭祀的啊！

蓝田芸阁书院的"家"字碑　2019 年 11 月摄

下图里，那些多姿多样"家"的字体（容庚先生书中所列），其中有很接近甲骨文的。它们被商周不同姓氏的邦国贵族，恭恭敬敬铸刻于青铜器上，以凹凸表阴阳款识，这叫金文或钟鼎文。以青铜载文明史，是相当高级的，真的可去陕西宝鸡的青铜器博物馆走走。最早出现"中国"一词的器物"何尊"，是镇馆之宝，内胆底部一百二十二字铭文，是周成王年轻的宗亲姬何，为纪念父辈功绩，记录成王训诰所铸。"普天之下莫非王土"的时代，奏响青铜编钟、列鼎而食的排场，定非一般等级的贵族可有，钟鸣鼎食之家与诗礼簪缨之族，后来就成了世代富贵的名门望族代称。

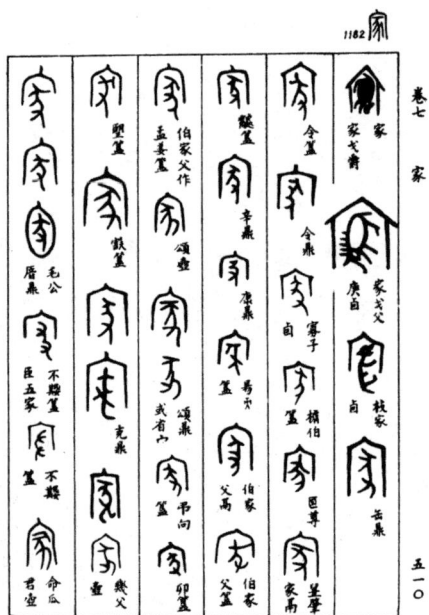

金文中的"家"

出自中山大学容庚先生（1894—1983）《金文编》（1925年）

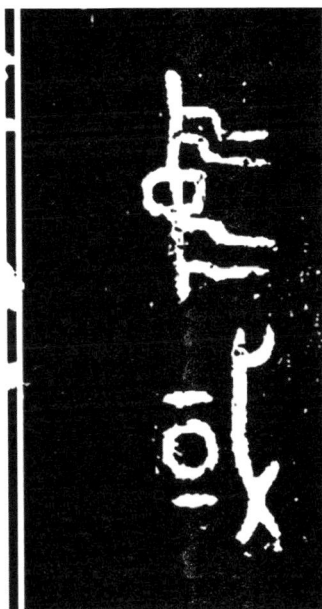

上图右侧为何尊铭文的"中国"二字（"中"成为中国邮政标志设计来源 大街小巷的邮局门头随处可见）

殷商、周代或更早的家，有几个层级，封邦建国的天子称"王家"，诸侯才是"邦家""国家"，卿大夫则称"世禄之家"，士人乃"家臣之家"，百姓臣民是"庶人之家"。卿大夫立家，大夫之臣就叫家臣，这是彼时读书人一个很普遍的职业去向。而立之年的孔子逢鲁国政乱，就去齐国做贵族高昭子的家臣。而孔子的弟子中，如子路、冉有，给卿大夫做家臣的也不鲜见，即所谓"齐家"。

人们虽常评论"家天下"，岂知能以天下为家，远不是今人能管窥蠡测的那样。古来，自天子至于庶民，之所以上下齐一要求以修身为本，是因为这样的天下，管理成本理应是最低的。套用现代物理学的"熵"理论，这叫"增熵"递减，"负熵"增大，对地球伤害会很小。今人动辄责怪祖先不发展科技，导致近代落后挨打云云，而科学的"熵"论说，越是高级动物越是会对地球造成过度开发的伤害，因为"增熵"是掠夺和索取，自然会因无序而加速毁灭；减熵，则是反其道而行之，反者道之动，古西哲也说过，不懂自我节制的人没有真正的自由。这再次反照出祖先的收敛和慈悲——这，才是真正的大智慧。

"国与家"陕西汉中家训园　卞寿堂老师摄于 2019 年 9 月

我们现代人的思考维度，不少是精致的利己主义者那点自以为是的精明。而今天世界的种种问题与后果，很多不过是一再证明往圣先贤的先见之明。

我们常遗憾如今出不了大师，不如静下来想想，一个门派学科分割如此森严的时代，专业成为壁垒，为了说明一个似是而非的论点，不知要借助多少文字和资料，动用多少名词、概念、定义，拉扯多少术语而不得真知，不知所云！把精力花费在争论高下长短、你死我活的逻辑里，越来越钻营，越来越自负，以致作茧自缚。而我们的先祖只一步就轻松越过，逍遥邀游六合，全无障碍，为什么？因为他们的心诚无偏，成己成物，外内合一，因时而化；但我们的心满是滞塞，尽是挂碍，随处铁壁……那些没完没了的感慨不过是支离破碎的怨愤宣泄，那些貌似理性的分析怎知不是一时一地的情绪表达？那些洋洋洒洒的宏论多半是高级牢骚！

你不知承前，焉能启后？

不能扎根，焉能参天？

不能立天地本心，焉能立生民慧命？

你连自己的家都不问来处，不知去处，焉得托付天下？焉得施教于人？又将如何教养自己的子孙后代？

近现代道教代表人物陈撄宁先生早就断言，忘记了本国固有之文化，学生们在校内鬼混几年，虽然博取一张毕业文凭，等到在社会上做起事来，跟八股先生的无用程度一样，"此等人可名之为新八股先生"。此话放到今天竟毫不过时。

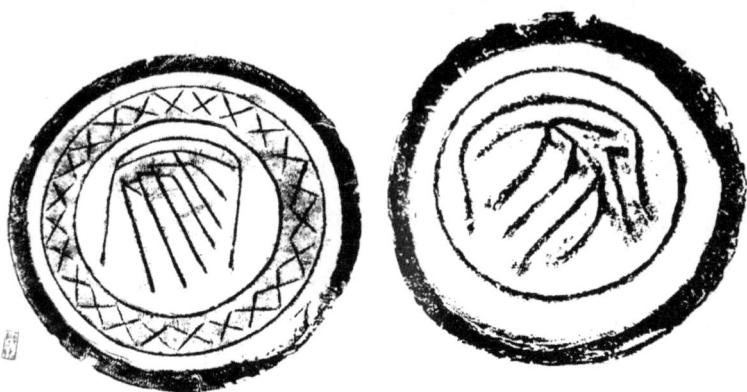

"家"字瓦当拓片（选自自藏书《秦汉瓦当》拓片集）

言而有训

家训之于传统文化，如灯与电，烛与火。对传统文化或褒或贬，或存或废的论辩，每当国家、世界面临大变局，一定拿来论战，百多年来莫不如此。

我们不如先理一理何为传统？何谓文化？

传，转移延通，它是人伦在时间上的流传与相继；统，原意指蚕丝起头，引申为事物的纲纪总览，指空间上的集结与凝聚。

文化呢？

文者，世间事物形成、发展、变化迹象的显示，为人所知见，在天有天文，在地成地理水文，在人成人文，以人见文，即人类社会演进的巨细轨辙。万物生长变迁，到一定程度就会转"化"，人心是最需要转"化"的那个根本。文以化人，无文则不能化，人心因知文而化。观天文，是为考察自然界四季生长收藏的运行，以"知常达变"；观人文，是因"天生烝民，有物有则"。人应时而化，因化而明白如何进取如何知止，这是文明；明则动，动则变，变则化，这是文化。只有遵时而能守位，才称得上有文化的文明人。这也可看作物理学的"减熵"，使得人生与社会越来越有序。所以人从青春到中年，是逐渐"守中"的过程。这个中道，无论东西方，是物演通理。古人说这是"诚"，能成就自己，也能成全好事与他人。

中国文化早早成熟于先秦诸子时期。百家你中有我，我中有你，一致而百虑，同归而殊途。

中国传统文化的教育核心是圣化教育，那是因为我们相信，生而神灵，每个孩子都是本自具足的生命个体，我们所有的教育都是为顺势引导孩子找到自己的本来面目，完成与生俱来的使命，同时成年人在教养孩子的过程中，渐渐重新发现自我，改头换面，脱离巨婴症。

陈撄宁先生讲得恳切："家庭教育，对于吾人一身之成败，是很有关系的。"他说，我观世上各种奸人恶人庸人愚人等等，都是未曾受过家庭良好教育的。甚至回头看看他们的父母，就不离奸恶庸愚之辈，这些子孙当然不能例外。倘若家庭教育从根本上已经败坏荒废，纵然长大以后受社会教育，亦不能改变其坏习气。这些都是事实，不是什么空想，只要稍微一调查顽劣儿童的家庭，便能看得清清楚楚。

是故，教子必自婴幼儿开始，家为第一道场。家训，是种子也是果实，是家族长辈教人育人化人，使人心调适的起点与落脚点。赫赫二十四史之外，每一个族谱、家训皆担当传情印心的文化之功。千百年来，这一切落在百姓日用中，薪火相递，从来不是空洞的幻光。看不到这些来路，只是"游山不到山穷处，多被青山碍眼睛"。

有家，于是有训"𘫀"（金文大篆字体）。在《尔雅·训诂》中，给了这个字一个最有力量的释义："言之道也。"就是对道的表达。道，不可说，但又不能不说，于是有"训"。

如黄帝与岐伯一样，伊尹与商汤有一场空前精彩的有关"天子成则至味具"的问答，从此，史上开始了相辅的老师与帝王学生的对话，这可能是我们中华文明自下而上最高层级的"家训"。

3270年前，商朝第23代君王武丁，立誓止语三年，"以观国风"，就是决定不说话，寂静中观察国家风气的变化。这要从他的老师，筑路工泥瓦匠出身的圣人傅说（读音"悦"）说起。傅说与武丁就像500年前开国之君成汤和老师伊尹的翻版，不同的是伊尹出身于厨师。傅说训导武丁："非知之艰，行之惟艰。"这话似乎很简单，但武丁听懂了，这是教他知行合一，少说多做。

于是他效法先祖，恭恭敬敬礼聘老师做宰相辅弼国政，国家因此得以中兴。感慨万千的商王武丁将老师傅说比作有"格天"之功的"元圣"伊尹，说他与伊尹一样，也是有"和羹盐梅"〔和（huò）：协调〕之能的大厨，能以高超的烹调艺术调理天下。后人从中悟到，为什么老子说"治大国如烹小鲜"。为此他赋诗："若我是宝剑，您就是砥砺磨石；若我渡江越海，您就是破浪舟楫。是您，如久旱不雨时的甘霖！是您，开启民智润养我心！是您，如上医良药，令我在痛苦中痊愈自新！"原句"若药弗瞑眩，厥疾弗瘳"，根本就是中医术语！当然最要紧的，是这种五伦合德下理想的君臣关系，信任与尊师之情，确实令后世唏嘘不已。这不正是"如切如磋，如琢如磨"吗？璞玉之温润终须打磨，和而不同方是君子气象。人类世界原本就不存在完美无瑕放诸四海不变的规则，这种调柔和美的治国方略，是人类的上善之水。

两千余年后的北宋，大师邵雍有感于这段历史，写下七律《问调鼎》：

请将调鼎问于君，调鼎功夫敢预闻。
只有盐梅难尽善，岂无姜桂助为辛？

和羹必欲须求美，众口如何便得均？

慎勿轻言天下事，伊周殊不是庸人。

邵子意云，治理天下，岂如某些人空口白牙议论起来那么容易！如伊尹、周公这般，那是要有"立一人之下，坐万人之上，调和鼎鼐，燮理阴阳"的功夫，跟调和五味的道理一样，须知众口难调。

"诗书训帝王"2019 年 8 月摄于陕西宝鸡岐山周公庙

这样级别的智者、师者与君王之间的对话，是"训"之大体大用。商朝被周朝灭国，纣王的叔父，被孔子誉为商朝三仁者之一的箕子，经历亡国之痛，怜悯天下苍生，见年轻气盛的周武王一脸真诚地讨教，于是传授以治国九种大法，就是存于《尚书·周书》里的"洪范九畴"。在讲完五行、五事、八政、五纪后，至第五畴"皇极"，箕子最后直说："是训是行，以近天子之光。"您遵循这样的道理去行动吧，慢慢就接近您父亲与祖辈们"光被四表"的气象了，这才是作民父母的荡荡王道。

这样深邃的高端"家训"，留下"彝伦攸叙"四字，约略可译作"伦常有序"。历代众家族无不以此为家训之首，镌刻匾额，高悬祠堂正上方，成为自古正家治国的大理——天道有常。夫妻、父子、长幼、朋友、君臣这五伦，在天地间对应木火土金水五行顺次相生；在人事中，对应别、亲、序、信、义。特别是以夫妻关系为正家道的根基，"男女正，天地之大义"(《易经》)。夫妻关系如同天地，彼此和谐才能运转家庭这个小宇宙，使之恒常稳妥，这叫定位，然后才谈得上教子、孝顺父母、交友、工作……否则，人的生活就会陷入混乱被动状态。

理想的家中，夫妻之间相爱而又内外分工有别，丈夫效法天道自强不息，以主外，为家人撑起安稳的生活；妻子相夫教子，安养老人，整饬内务，以大地般宽厚柔和的德行托载一家的幸福与兴旺；父子（父母与子女）天然骨肉亲情，父母慈爱而善教，子女孝顺而自立；老人、晚辈、兄弟、姐妹之间互相照顾关爱，也要尊重长幼先后次序。这是家人之间关系的规圆矩方，人伦各方都要遵守，此为"君子不出家，而成教于国"。

山西平遥王家大院"规圆矩方"匾

待孩子长成出了家门，须为社会尽责，身为臣子（下属），则忠于职守；若做君主上司，要给予臣子下级尊重及相应待遇；朋友之间当以信任为基础，相帮相扶，这是做人的礼义和立身之本。以此为基础，智者留下典章制度和礼乐文明，使得人类社会法天道规律有序运转，此为"家道正而天下定"。

生而为人，由家内而至家外，从自然人到社会人，其人格若能完整、成熟、内外自洽，一定有五伦和谐不乱的功劳。遇到乱世，回归家中，无论归园田居还是东山高卧，都有家人相依相守，可享"天伦之乐"。

现代西方社会也愈发强调夫妻关系要放在家庭关系首位，亲子关系次之，因为这五伦是无论东西方，无国别、种族之分，处于任何时代的人类都必须遵守的五种基本伦理关系，无可逃于天地之间，"人无伦外之人"。我们祖先的道眼和德观，由自然而成其必然，清清亮亮。

庶民有庶民的家训。

太史公在《史记·货殖列传》中感叹道："天下熙熙，皆为利来；天下攘攘，皆为利往。"他在书中列举了一系列东周列国"庶民"依靠家训的发家史。

"积庆彝伦"匾　2019年4月摄于安徽江村江氏祠堂

鲁国的曹邴氏，靠炼铁发家。他的家训："低头抬头都要得益，一举一动都要取利。"（家约：俯有拾，仰有取）果然，租赁、放债、经营各种生意很快遍及全国各地，曹家也因此成为巨贾。这是司马迁笔下为利往来的富人常态。

另一位是住在长安宣曲的秦国人任公。史有长安"五曲"之说，韦曲、杜曲、王曲、章曲、宣曲（约在长安城西斗门镇），其地名今尚在。任氏极有眼光，战后以粮食生意赚得第一桶金。当时富豪们攀比斗富，而任氏却乐于处下，节制欲望，专注农业。一般人都抢着低价买进便宜货准备高价卖出，而任氏却不计成本购进精品。以这样的远见卓识，任家富贵数代。司马迁总结任公家训："非田畜所出，弗衣食，公事不毕则身不得饮酒食肉。以此为闾里率，故富而主上重之。"不是靠耕种畜牧劳作得来的衣食不穿不吃，公事未完成者不得饮酒吃肉。为乡里族人表率，既富且贵，也得到国君敬重。任氏守大节，智慧与人格魅力并存，为富能仁，这才是真正的贵气。

民间常说"礼数"，"礼"的教化使人有人样，否则"无以立"，在社会难以立身长久。而几千年朝代更迭，能传下来的哪个不是几百年绵绵旧家？试问哪个姓氏不能追溯到周秦汉唐？哪一个清明节、春节，后人不曾遥祭逝去的先人，不曾化几张纸钱？谁没有值得回味的家世背景与乡土情结？哪家没有几句祖祖辈辈口耳相传的老话？

乡野垄亩，老村古镇，而今多少出游拍照的景点，当初就是春耕秋钓旧家惠风所在。斯人远去，气息尚存。

钱穆先生研究魏晋家族门风时，掩卷常思，一个大门第，能持盈保泰数百年之久，绝非全倚仗外在权势与财力；能使弟子行为谨慎，门户不衰的关键在于"当时极重家教门风，孝悌妇德，皆从两汉儒学传来"。这种由两汉儒学发端的家门德行，仍不远先秦乃至周公时代先圣的反复其道，淳厚宗风一脉相承。

我们看到的训导，绝无迂腐刻板、冰冷森严的说教，其朗朗明镜心，宽严相济的长者之教，时至今日，慈慧万里！

百姓人家柴米日月，依同归而殊途的家训，不知不觉中自正自化自立，是家教最有效的途径。人性趋利避害，无论对自然界还是对人事，不分大小，很难觉知无节制的贪欲作祟。祖先深知这层，才传之以言，教之以身。"父兄有善行，子弟学之或不肖；父兄有恶行，子弟学之则无不肖。可知父兄教子弟，必正其身以率子，无庸徒事言词也。"（《围炉夜话》）父辈兄长好的行为习惯，晚辈不一定能学得来；一旦长辈有不好的行为或习气，晚辈学起来则没有不像的。由此可知，长辈若要教育晚辈，一定要端正自己的行为来引领他们，不能只是靠嘴上功夫说教！

几十年前，一批曾在西风中沉醉的读书人开始不无沉重地反思。钱穆先生说，世界上任何一国的国民，尤其是自称知识分子、社会精英的，若对自己本国历史没有真实的认知，就不能算是个有知识的国民。而与这种认知相伴始终的，是内心的那份温情与敬意。

礼之用

前文提到的青铜礼器何尊，其华丽繁复的花纹中，主图为饕餮纹——《山海经》讲，饕餮是种怪兽，它们贪吃成性，羊身人面，虎齿人爪，会吃人。《吕氏春秋》载，饕餮有头无身，急于吃人，常还未下咽就被噎死。周代用之于酒器、食器、礼器，是为教人敬畏因果，劝人戒贪远害。足见器物亦有情有义，道在器中。

尤瓦尔·赫拉利在《人类简史》中冷冷地提醒我们"掀起了一场灾难，只为了寻求自己的舒适和娱乐，但从来无法得到真正的满足。拥有神的能力，但是不负责任，贪得无厌，而且连想要什么都不知道，天下危险，恐怕莫此为甚"。

孔子描述他所处的时空，天下国家是如此相似的"礼崩乐坏"，后人以为孔子有复古倾向，他们声称，明明时代变了还谈什么恢复周礼？！事实上，孔子的视野早已跨越几千年时空，而所谓周礼，不过是当时能找到的最近乎理想且可落实的社会制度的代表。

鲁哀公问政于孔子，引出孔子师训："古之为政，爱人为大；所以治爱人，礼为大；所以治礼，敬为大。"礼，能够防患于未然；它所具备的教化力量才是远益子孙后代的长久之计，但短期不能彰显，因此难以为世人理解。

孔子尊崇周公是"郁郁乎文哉"，至垂暮之年犹叹，我多么盼望再梦见周公！正是这位周公，建立了典章礼乐制度，融家族和国家、政治和伦理于一体，奠定了周朝八百年基业以及中华文明的道

何　尊

西周（公元前十一世纪——公元前七七一年）一九六三年陕西宝鸡出土。酒器。器高三八·八、口径二八·六厘米，重一四·七八公斤。铭文记载周武王、成王治理天下，营建新都成周的重要史实。

中医之中药篇

4分

T.75.(8-1)　　　　　　　　　　　　1982

1982 年发行的纪念邮票"何尊"

统，身为中国人都不应忘记这位圣人。他是文王姬昌第四子，武王姬发的弟弟，其名旦，因受封公爵，亦称周公旦。周公八十四岁逝世，谥号为"文"。

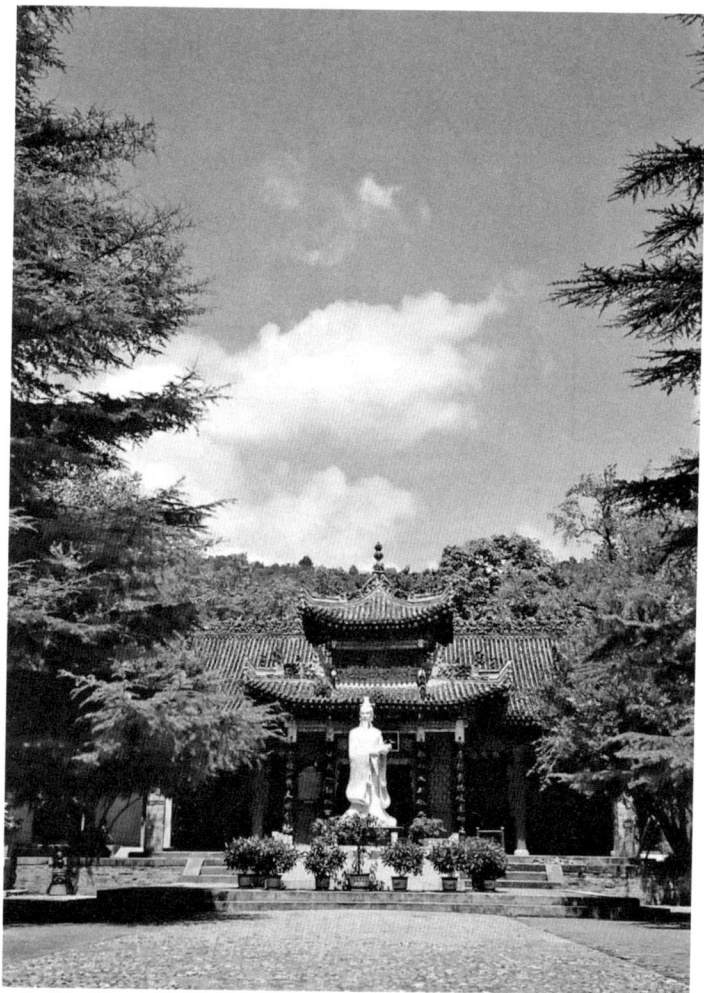

2019 年 8 月拍摄于陕西岐山周原周公故里

礼，在仁义与智信之间，如火炬的燃烧，如太阳的光明。这两个层面，一是让个人能够在社会中恰到好处地处理人与人之间的关系，遇事做出恰当判断和选择，发光发热并懂得循道行事而有所节制，有所为有所不为；二是对于一国治理，其功用犹如衡器之于轻重，绳墨之于曲直，规矩之于方圆，就是一套有公正无偏私的礼乐典章制度，以此来指导国家的管理者，并衡量他们的执政是否符合天道，即是否能"向明而治"，沿光明而行。这就是孔子说的"克己复礼为仁"。在那个纷乱时代，只有先复礼，才能天下归仁；归仁之后，才能返回老子所说的德，以及上升入道的境界。道是礼的高维本源，德是对道的认知，礼是天道在人道的投影，是德的实践。从这个意义上说，孔子一生奔走于列国之间希望做成的事业，不是恢复周代的那些礼仪形式和死去的制度条文，而是力图效法往圣的大道之行，这是知其所以然的高维实践。

道对谁都不偏袒，谁能效法道，即是有德之人；治一家理一国，就是有德之明主，所以，这个"复"哪里是什么历史车轮的倒退？而是复见天心，迷途知返，归复人间正道。复礼，复的也是孔子的仁，老子的心。两百年后私淑弟子孟子读懂了老师，所以他说孔子是最懂"时"的圣人（"圣之时也"），审时度势，顺势而为，所以成为万世师表。

孔子关心儿子孔鲤的学业，一有空就站在院子里等着他，看见准备低头快闪的儿子就问，最近是否学了"诗"（《诗经》）和"礼"（《周礼》）？听儿子说还没有，孔子先讲一句"不学诗，无以言"，再一句"不知礼，无以立"。儿子听罢，赶紧收心回去跟老师学习诗和礼，这就是孔子的家训（庭训）！

曲阜孔庙牌匾，2017 年 10 拍摄于山东曲阜

礼仪必有各自形式，但更要知其背后的理，似无形却有迹可循，事与理二者互为表里，这就是文质彬彬，这是条让年轻人走向人格健全的"成人"之路，毕竟谁不希望自己家孩子路越走越宽呢？只有循道而行，顺理则裕，便顺理成章。章是什么？音乐终了成一章，光明外显即曰章。这条路，足以让当时任何国家取得想要的大治，但就是没有任何一国愿意采纳，因为每个诸侯都一心觊觎周天子的天下，却没有一个愿意相信，最初周朝之所以替天行道，取代殷商的法宝，正是这个"礼"。

孔子的准学生鲁哀公，自谓"生于深宫之中，长于妇人之手"的温室花朵，但特别喜欢向孔子讨教，提的问题也跟我们今天的人差不多，一个风水问题："夫子啊，我听说把房子往东边扩建很不吉利，是真的不？"孔子回答，这个可真没听说过，我倒听说另有五不祥啊："损人自益，身之不祥也；弃老而取幼，家之不祥也；释贤而用不肖，国之不祥也；老者不教，幼者不学，俗之不祥也；圣人伏匿，愚者擅权，天下不祥也。"孔子警示的这五种不祥，远比房子风水重要。当人一心为利己而损人，自身不吉利；抛弃孝道不赡养老人，只知溺爱小孩子，家门不吉利；不能任用称

2018 年冬拍摄于陕西蓝田芸阁书院

职的贤人，国家不吉利；年轻人傲慢无礼，老年人也不再去言传身教，风俗不吉利……久之，自上而下堕入集体失德的恶性循环，这才是最要命的风水。

鲁哀公无疑是相信孔子的这番告诫的。孔子在世时，他实权旁落；孔子去世时，他哭着喊"尼父"，追悔莫及。

16世纪一位法国学者写道："但愿年轻人都能深明事理，老年人能笃行不倦。"孟子以"学问之道无他，求其放心而已"叩问，到底何处安放你的心？

天地君亲师

礼，从表面看，是仪式化的仪礼形式，目的在于通过这样的形式，达到与内容的完全融合。在中华民族最受尊崇、最为天下仰慕的时代，拥有华夏文明的器识风度，拥有其文质彬彬的生活方式，乃是夷狄王者的终极梦想。

礼，究竟有着怎样的内涵？它有三个本源作用，顺天地之时调理事务；奉祀先祖，继而尊崇荣显君与师。天地、祖、君师，被尊为礼之三本（《大戴礼记·礼三本》）。关于礼三本，荀子告诉我们，天地，是生命之本；先祖，是族群之本；君师，为治政之本。荀子继续追问：如果没有天地，人类从何而生？没有先祖，我们从何而来？没有君与师，国家如何治理？

这是礼的三个本质作用，自此，天、地、祖、君、师作为文明人应该尊重的存在已明确。此处的"君"，在家，指拥有封地的卿大夫；在国，指代天子；在天下，指万物生生不息的大道，不知其名；在人自身，是指心，《黄帝内经》说，心是我们的君主之官。

人，生于父母怀抱，长于家国乡土，要了解自己所降生的族群，需要师者教化。人的一生，"父生之，师教之，君食之。非父不生，非食不长，非教不知生之族也，故壹事之"。（《国语》）这等于说"生、长、教"应视为每个生命的共同尊严。

东汉《太平经》有"天地君父师"。北宋初，正式出现"天地君亲师"之说。明朝晚期以降，民间广泛奉祀"天地君亲师"。清朝雍正初年，首次以帝王和国家名义，诠释并明确"天地君亲师"

序位，且凸显"师"之地位与作用。

我们抛却既有成见，则知这五个字为中国人的家国情怀，宗族血脉，精神依托和心灵安顿之所寄，置于明堂，放在心里，无远弗届。

关于中国文化中天地君亲师的祭祀，钱穆先生谈及文化与教育时曾说，与其他民族不同的是，我们的文化体系中，没有宗教的地位。从来是敬天亲地，说天尊地卑，其实尊卑也是平等，只是作用不同，以和为贵。在所有群体外部关系中，有君有亲。重要的是，当尊则尊，当亲则亲，亦尊亦亲，都从心由内而外，内外和合一体。那些认为中国家庭父尊母卑，男女不平等的看法，是对文化源头无知的谬见。

说起这一层，还是听听鲁哀公与孔子的对话：夫子，大礼是什么样子？为什么君子对礼如此尊崇？哀公听得认真，就是知而不能行。孔子索性试一试哀公：我一介小民，何足以知礼？哀公照例很执着：哪里话，恳请您讲讲。孔子这才正色回答道：人在世间，赖以生存的准则中，以礼为最重要。没有礼，就不能正确对待天地奥妙的启示；没有礼，就无法判定君臣、上下、长幼是否各正其位；没有礼，就不能正确对待男女、父子、兄弟之间的各类情感，更不能处理好婚姻关系，以及朋友交往等人际关系的亲疏尺度。处理这些事情中的哪一项不需要有尊重与敬畏之心呢？

孔子所说的礼（也会包含乐），不仅是落地于日用仪节的人伦之理，更是全然融入人的真性情，自然而然，并以此表达对天地的敬畏，以此与宇宙相接。在世事行为上，礼，合和于日用常行，若只追求恭顺却不知礼，早晚会陷入疲态；一味谨慎却不懂礼，迟早会走向畏缩；勇敢却不知礼，势必越来越混乱；直率但不明礼，则流于刻薄伤人。行为上的端正，乃基于内心对礼的自觉与信念（立于礼），否则，恭顺、慎重、勇敢、坦率这些优点都会走向其反面。

所有的伟大与卑劣，都是在生命历程中一点一点累积、发育而成的。礼，在细节常行中成就了人，一旦内化则可成为超越自己（所谓"克己"）的方便法，使人与人以礼相爱，以礼相长，通过长久地克己复礼，慢慢近乎仁，积小以高大，进而向生命可能抵达的更高境界——德与道，即"天人关系"超拔。这，不就是"天地君亲师"最接地气的教化吗？

德润百姓家

媒体人杨锦麟曾讲过:"来陕西,有两个地方是不能不去的,一个是黄帝陵,一个是太史公祠。前者是文化人的根,后者是读书人的本。"

韩城龙门,大禹治水的禹门,乃史圣故里。史圣祠,东临黄河,西依梁山,祠与墓依山而建。太史祠寝殿供奉司马迁真容塑像,从北宋建祠至今近一千年,居然毫发未损。后人题写的"君子万年""穆然清风",出自《诗经》的《小雅》《大雅》。

不招摇的韩城,却富有唐宋元明清各代古建遗存,为三秦之冠,目前在整体申遗之中。古芝川在疏浚,芝秀桥犹在,南北石牌坊邵力子所题"利涉大川(《易经》)"与杨虎城的"钟灵毓秀"

韩城史圣祠 2017 年 5 月拍摄于韩城党家村

四字遥遥相对。不久，来者或可乘一叶扁舟溯流而上，从水路经芝川到韩城。回溯历史，韩城还是"赵氏孤儿"史实的发生地，西南古寨至今留有"三义墓"。韩塬大地，可谓土德深厚。

韩城当年属魏国少梁，现归渭南市。战国二百余年历史中，魏国是最先称雄的国家，好学的魏文侯在战国七雄中首先实行变法，后来秦国孝公和商鞅变法都是以魏国为蓝本的。魏文侯在位五十年，选贤任能，内修德政，外治武功。魏文侯二十七年（公元前419年），魏国西渡黄河，在少梁筑城，建造进攻秦国的军事据点，几番较量后，占据少梁。在对秦攻略中，除用兵、攻心外，魏文侯还进行了文化渗透，与齐国的"稷下学宫"遥相呼应的"西河之学"正是于此背景下闪亮登场。

韩城芝秀桥 2017 年 5 月拍摄于韩城党家村

"秦之水泔冣（通"聚"）而稽，淤滞而杂，故其民贪戾罔而好事。"（《管子·水地》）秦人不易武力屈服，却对中原文化很向往，于是魏文侯重用当时著名的大儒子夏，拜子夏为老师，在西河讲学。子夏，名卜商，小孔子四十四岁，乃孔门七十二贤之一，史称"西河宗师"。魏文侯延请子夏赴少梁主持"西河之学"时，子夏已百岁，双目失明。授业师是子夏的弟子——齐人公羊高、鲁人穀梁赤、魏人段干木（李克）和子贡的弟子田子方。

彼时司马氏先祖已迁入少梁二百余年，子夏及弟子在韩城设帐授徒，兴教讲学多年，司马一门子弟深得儒学精髓。

西汉时，司马迁还主持创制了《太初历》，即现在的农历。作为当时世界上最先进的历法，《太初历》使得农业兴盛，大汉国力劲

韩城司马迁墓 拍摄于 2017 年 5 月

活法 中国销量突破 530 万册

稻盛和夫的代表作，回答"人如何活着"，即人生意义和人生应有的状态；第一次系统阐释"成功方程式"，以及个人心性与企业品格的关系。

马云、季羡林、樊登强力推荐，是风靡全球的超级畅销书。

《活法》（2019 年版）

风靡全球

企业家首选心灵读本 中国销量突破 530 万册

稻盛和夫将其多年心得以质朴的文字娓娓道来，企业经营者可从中领会企业发展之路，而普通人亦将感受到高境界的为人之道。

  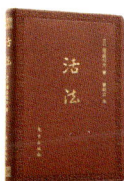

《活法》珍藏版　　《活法》大字版　　《活法》口袋版

《活法青少年版：你的梦想一定能实现》

本书是稻盛和夫为青少年学生以及踏上社会不久的年轻人而写的。在书中，稻盛和夫阐释了成功的条件为能力、努力和态度，给广大年轻人指出了一条光明大道。

写给全世界青少年的一本书。

《培育孩子的美好心灵》

《活法》亲子实践版。

稻盛和夫写给全世界孩子的书，他说："人的一生最重要的事儿是培育美好的心灵。"让孩子拥有正确的思维方式。

写给全世界孩子的一本书。

扫描二维码
关注活法公众号
分享活法 为心赋能
电话/微信：18613301688

扫描二维码
了解"稻盛和夫专题"

人民东方出版传媒
东方出版社

稻盛和夫 项目组 作品汇集

—— 2022.01 ——

稻盛和夫

创办京瓷公司和 KDDI 两家世界 500 强企业，并用一年的时间重建日本航空将其扭亏为盈，创造了日航历史上最高利润。代表著作《活法》《京瓷哲学：人生与经营的原点》《思维方式》。《活法》中国销量突破 530 万册

口袋版

稻盛和夫、松下幸之助小型精装版（尺寸 130*185mm）

扫描二维码
关注活法微信公众号
分享活法　为心赋能
电话（微信）: 18613361688

扫描二维码
了解"稻盛和夫专题"

增。这经天纬地的业绩，使龙颜大悦的汉武帝将年号改为"太初"以示表彰。司马迁遭李陵惨祸牵连，为避难计，后辈改姓"同"和"冯"，世代秉承读书明理、耕读传家的遗训，竟无一人再入仕为官。

明清伊始，韩城的进士举人贡生不下1300人，韩城人骄傲地戏言"下了司马坡，秀才比驴多"，一时有"朝半陕，陕半韩"之盛况。焉知不是司马余荫、史圣护持？

党家村有韩城保存最完好的古民居。这些民居始建于元代至顺三年（1331年），被列入世界文化遗产名录。龙门一带冬季西北风

王杰手书门楣题字 2017年5月拍摄于韩城党家村

烈，古村落建在葫芦形山坳里，可天然避风，南面泌水与黄河环绕，不旱不涝。这使古村落经得住时间摧折的韧劲，本身就透着一种默默坚守的精神力量。村里至今仍有 125 座完好的四合院，住着 1400 余村民。宗族祠堂、戏台、古井、惜字楼，各家门楣、石雕、砖雕、木刻、壁刻家训，拴马桩、石敢当、节孝碑、文昌塔……下村上寨，建筑完整，党氏宗祠供奉山西人党恕轩牌位，今已传至 26 代。

明朝时，贾氏自洪洞县移民至此，村民从此不但务农，也开始经商于秦晋二地，日渐富庶。关中人富裕后的两件大事：造屋和让

党家村惜字炉 2017 年 5 月拍摄于韩城党家村

子弟读书。他们深信"富润屋，德润身"。当地乡绅纷纷出资兴办教育。明清两代，县城先后有萝石书院、龙门书院、少梁书院、古柏书院。《县志》载，"自兹而后，人才蔚起"。乡村办义学、私塾，经商子弟也纷纷重归读书之路。因此也就有了"一母三进士，一举一贡生"，无怪乎会出王杰这样一个乾隆嘉庆时的"六部侍郎""状元宰相""天子之师"了。

在一处"明经进士"匾额两侧，有楹联："仰天地正气，发古今完人。"这种精神用度体现在每一个细节处——村里特定地方有

作者于 2017 年 5 月韩城党家村拍摄

多处"惜字炉",炉上扇形口刻有"惜字敬纸,善莫大焉"。所有写有文字的纸张,不得用来裱糊包裹,须一律送入炉里焚化。人们笃信文字乃圣人所造,字字无量义,人人当敬惜,如此方功德无量。这与范仲淹《家训百字铭》中所云"字纸莫乱废,须报五谷恩;做事循天理,博爱惜生灵"何等遥契!

村中小学校内,有一文星阁,六角形砖木结构,其内供奉文昌帝君牌位,还有孔子与北宋程颢、程颐、张载并南宋朱熹,顶盖

作者于 2017 年 5 月韩城党家村拍摄

封藏一颗"避尘珠",据说它夜生光芒,使"瓦屋千宇,不染尘埃"。这颇令人想起柴陵郁禅师的"我有明珠一颗,久被尘劳关锁。今朝尘尽光生,照破山河万朵"。

在党家村人看来,四合院是有灵性的整体,家训为心,与门楣、楹联一样,各家照壁、檐下廊壁以及山墙的精美镌刻,是教子治家兴家的至理格言。书法中正,字字珠玑。住在老院子里的人,仍是安心祥和的。那样的房子,藏着多少代祖先福德,纳着多少年清正家风!

"古今来多少家无非积福,乡壤间第一人还是读书";

触目可见的家训 作者于 2017 年 5 月韩城党家村拍摄

北宋五子之一，横渠先生张载的"六有"家训　2017年5月摄自韩城党家村廊壁

　　"处富贵之地要知贫贱人的苦恼，居安乐之场要知患难人的痛痒"；

　　"傲不可长，欲不可从，志不可满，乐不可极"；

　　"薄味养气，去怒养性，处抑养德，守清养道"；

　　"言有教，动有法，昼有为，宵有得，息有养，瞬有存"；

"处世无奇忠厚传家久，创业维艰勤俭济世长"；

"居家有道惟能忍，处世无奇但率真"；

"富时不俭贫时悔，见时不习用时悔，醉后失言醒时悔，健不保养病时悔"。

……

门楣砖刻，随处望去，皆为浓缩版家训，"谦受益""履无咎""安详恭敬""稼穑为宝""清白远长""笃敬""诒谋""忠信""燕翼"……

这些家训或选自《尚书》《诗经》《朱子家训》《菜根谭》等章句，或是主人读经典之心得，自人生哲理、处事入俗、持家润德、养生益寿到修身立业、社稷民族，涵盖天地人心，没有一丝唯我独尊的霸气，没有一丝炫富显贵的浮夸，处处流露出谦和、安静、和平、恭敬、礼让、秩序……时时浸润着祖辈对后人的良苦用心，句句流露出中国文化蕴含的真正平等观。

党家村有一块素照壁，据说是老辈人从《淮南子》中的一句话获得的灵感——"听无音之音者聪"——不知何时，今天的我们才会拥有这样的觉醒？

"祖宗艰难创业建此庄建此宅，子孙立志承启作于斯歌于斯"。虽不知此联作者，但可见其"可耀中华建筑史，继建全国文明村"的自豪与气象。是的，古色古香，祖先所遗，子孙所继，晕染弥漫在生活的所有活色生香的细节里，绝非增色添香的饰物，而是一人、一家、一村、一地，乃至一国的国色天香。

素照壁 作者于 2017 年 5 月在韩城党家村拍摄

明朝天顺五年（1461 年），天下世事纷乱不堪，浙江吴兴（湖州）读书人沈株山辞官返乡，途经陕西汉阴。他喜爱这里一方山水风物，不免有卜居之心，所幸举家迁居至此。历 554 年 21 代繁衍，今汉阴沈氏家族已达 3 万人。我们且品一品这个走出过北大杰出"三沈"——沈尹默、沈士远、沈兼士三兄弟的沈氏家族家训：

"养女不可不训，福禄多由于贤淑。教子不可不严，择师不可不慎。身不可不修，交游不可不审。志节贵乎坚贞，志行不可刻薄。邻里不可不和，输粮不可不先。穷难不可不周，出仕不可不清。奢华游惰当惩，赌博不可不戒……"（全文共 20 条 1933 字）

其中"输粮不可不先"与《史记》所载任公家约"公事不毕则身不得饮酒食肉"，皆是就公德而言。其有训"出仕不可不清"，将那些"出而治国，不思循分尽职，以光前裕后"，却一心贪黩之鼠辈直斥为"衣冠之盗贼"！论及"志节贵在坚贞"，说"人无论读书与否，皆以志节定人品"，如果不能坚守志向，势必将"纵其情欲，任意所为，机械变诈，利己损人"。人如果变成这样，就算

"输粮不可不先也，志节贵乎坚贞也"

2019 年 9 月卞寿堂老师摄于沈氏故园

学问、富贵胜人，也不足为道！

沈氏家训还提及如何识人鉴人：善于"相士者"，应该在人的志向与行为上判定评价，决不能从众流俗。所谓真正的读书人，应当"器识"为先而后文艺，这是值得族中子弟深思再三的箴言。论"邻里不可不和"，苦劝以古之明训"出入相友，守望相助，疾病相扶持""为父兄者，则训诫其子弟；为子弟者，劝谏其父兄"。若能做到这些，要不了多久，仁风惠爱必遍及乡里……

一位从事陕西客家家族文化研究近30年的学者由衷赞叹，沈氏家族人口繁盛、人才辈出，在300多个家族资料中是最显著的，其主要原因之一，正是家训的力量。

观《沈氏家训》所传承的精神内涵，深深蕴藉着饮水思源之美德，感恩、敬祖、孝亲，从严教子；修身、齐家、立业，宽以待人，以和为贵；扶危济困，立志远大，对社会国家有所贡献，勤奋节俭自律；慎重从师，以德择偶，以义交友……这些家族隆兴之道，皆可视为百姓共通的日用家风，深藏传统文化心髓。

第二章　吾土吾人 今夕何夕

乡约恒久远

"家规者，先国法而为用，佐王章之不及也。事不先以家法，而即治以国典，则失之。"（《永定郑氏族谱》家规）这是比较常见的几百年家族的家谱序言。通过家训体现的家规，一直被视为国法之前的"家法"。

中国社会长期以来，县级以下乡村多采取这种家法族规的"自治"，社会学家也不得不认为，在家族宗祠中化解乡里恩怨的方式，相比于动辄对簿公堂的"官治"，这种依靠家规的"自治"是管理成本和社会资源的持续节约。尽管不一定上升到什么理论层面，但中国古往今来的生活实践都有倾向于尽可能少消耗资源的传统，无论是勤俭持家的小老百姓还是无为而治的"德政"。

从先秦士大夫家族渐渐演变成村落，有同姓，有杂居，有族长、宗祠的乡约族规，正是乡里宗族的家训之源。

《白鹿原》里这样描述：皇帝没了，面对一脸茫然失措的白嘉轩，白鹿原的精神领袖，当地大儒朱先生缓缓说："我草拟了一个过日子的章法。"嘉轩于是每日集合村民讲习，从此偷鸡摸狗摘桃掐花之类的事渐渐绝迹，赌博斗殴打架骂街等事不再发生，白鹿村人个个变得和颜可掬。朱先生一笔不苟的楷书《乡约》被镌于青石碑上，立于宗族祠堂内，凡违犯者皆对照处罚。

此乡约原文便是北宋"蓝田四吕"之一的吕大钧制定的《吕氏

乡约》。"蓝田四吕"是北宋"蓝田吕氏四贤","关学"著名代表人物吕大忠、吕大防、吕大钧、吕大临四兄弟。四人曾相携拜学于"北宋五子"之一横渠先生张载门下，传承张载横渠书院的"经世致用""躬行礼教为本"的心髓。张载起初于关中一带讲学，只有寥寥几位知音。吕大钧与他为同年好友，特别敬佩张载的学问，于是执弟子礼正式拜师。自此，四兄弟巨大的感召力使四方学子

"蓝田四吕" 2019 年 11 月 摄于芸阁书院

蜂拥而至，关学渐成气候，影响力郁郁满秦川。

张子不幸病逝后，四贤又东赴洛阳，同拜入"北宋五子"中的"二程"（程颢、程颐兄弟）门下，学业乃成。他们弟兄四人皆进士及第，且各有所长。

吕大防在朝为官，一直做到宰相；吕大钧亲制《乡约》《乡义》，调民心于桑梓；吕大忠修葺碑林，功在千秋；"通六经，尤精于礼"的吕大临专精金石一门，终成"中国考古学之父"，他在理学史上地位很高。吕大临夫人是张载先生的侄女，他岳母逢人便说，我女婿就像当年颜回一样贤德。

事实上，《吕氏乡约》是我国历史上最早的见诸文字且行文

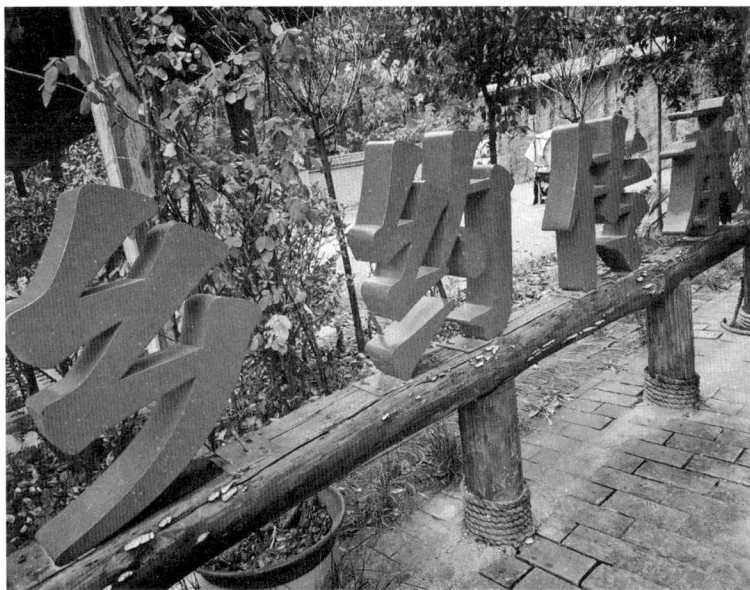

2019 年 11 月摄于蓝田白鹿原芸阁书院

规范的村规民约，其四大项：德业相劝、过失相规、礼俗相交、患难相恤，皆遵循儒家礼义道德规范，通俗易行，如同"国民生活手册"，是"蓝田四吕"对"关学"精髓的落地日用，它对后世中国乡村治理模式影响之深远，自宋代至民国，罕有出其右者。南宋之时，夫子朱熹为丕振民风，重提该乡约，考证并编写了《增损吕氏乡约》。借助朱夫子的名望与地位，《吕氏乡约》于百年后再度风行民间。

迄今所知最为古老的少数民族乡规民约是元代西夏遗民制定的《龙祠乡社义约》，它亦直接脱胎于《吕氏乡约》。

《吕氏乡约》2019年11月摄于蓝田白鹿原芸阁书院

至明代，为正民风，朝野力倡乡约。正德十五年（1520年），观赣南贼寇横行，世风混乱，王阳明发出"破山中贼易，破心中贼难"之叹。如何"破心中贼"？当从教化百姓入手——内心具良知则为民，内心失良知则为贼。王阳明对龙南乡民的训导鲜明而直接："昔人有言：'蓬生麻中，不扶而直；白沙在涅，不染而黑。'民俗之善恶，岂不由于积习使然哉！"该如何致力于做良善之民，共成仁厚之俗？阳明先生说，人无论多愚笨，一责备起别人来，就明明白白的；无论多聪明，一旦轮到自身，就立时糊涂起来，这是人习性使然。你一念而善，即是善人，万不能自恃为良民而不修其身，否则一念而恶，即成恶人。可见人之善恶，皆在于一念之间。

那么，如何教化百姓？一则办社学，即广建书院；一则立乡约，受《吕氏乡约》承启，《南赣乡约》顺势玉成。

阳明学说传播可谓善借书院之力，自江西修文龙冈书院至濂溪书院，再到浙江绍兴稽山书院，清晰勾画出阳明学说的流播轨迹。其教育思想，以龙场所写《龙场诸生问答》《教条示龙场诸生》两文为发端。更美好的机缘是，绍兴卧龙山南的稽山书院，乃范仲淹在浙江时所建，历五百年灵光激荡，竟以王阳明讲学时最为鼎盛。

各地书院的兴起，意在令乡里子弟不但勤劳于诗礼章句之间，更在效力于德行、心术之本，一定要做到礼让日益新，风俗日益美，如此才是官员的初心，也是民心之所向，才能形成"天下犹一家，中国犹一人"，继而达到"家齐国治而天下平"的目的。王阳明发现，赣州社学乡馆是不少，但淳厚之风并未形成，盖因约定不严，督导不力，要求各县治的地方"约长"和"里长"等必须"延师设教"，办好学校，传授诗文和仁、义、礼、智、德、让，实施"十家牌法",强制要求各级衙门官府,迅即推行以《南赣乡约》为主要内容的乡规民约教化政令。

黄绾在《阳明先生行状》中记道:"(阳明先生)又行乡约,教劝礼让。又亲书教诫四章,使之家喻户晓。而赣俗丕变,赣人多为良善,而问学君子亦多矣。"王阳明亲自广为宣讲《乡约》,赣南民风渐渐迁善,甚至出现了很多来求学的子弟。足见王阳明推行《南赣乡约》的善果。《南赣乡约》的颁布与实施,令当时的南赣,风气焕然一新,民无重赋,家有耕田,城郭乡村,一派清明。至今,在赣南一地,随处可见他留下的辙迹。被称为"江南第一石窟"的通天岩,内有多处与王阳明有关的旧迹,如"阳明书洞",

冯从吾像,2017 年 5 月摄于关中书院

是王阳明在赣州期间结庐讲学之所。王阳明就在这里"观心",向二十三个弟子讲授"致良知",传授"心外无物""心外无理"的学说,此地故名"观心岩"。另有一处名"忘归岩",崖壁上镌刻阳明手迹,是通天岩 128 品摩崖题刻中最有价值的石刻之一。其上诗云:"青山随地佳,岂必故园好。但得此身闲,尘寰亦蓬岛。西林日初暮,明月来何早。卧醉石床凉,洞云秋未扫。"诗末题记:正德庚辰八月八日。不错,正是正德十五年(1520 年),那一年,王阳明用四十三天荡平"宁王之乱"。

晚明时期"关学"大家,关中书院创始人,融程朱理学和陆王心学于一体的集大成者,"关西夫子"冯从吾先生有赞,随着《吕氏乡约》在关中蔚然成风,"关中风俗为之一变"。

2017 年 5 月摄于关中书院

清末民初，牛兆濂先生（1867—1937年），在"四吕"故地讲学八年，曾选《吕氏乡约》为教材。他就是《白鹿原》灵魂人物朱先生的原型，"朱"字就是"牛""人"。

牛兆濂，字梦周，盖因出生时，父亲曾梦见北宋五子之首，"濂

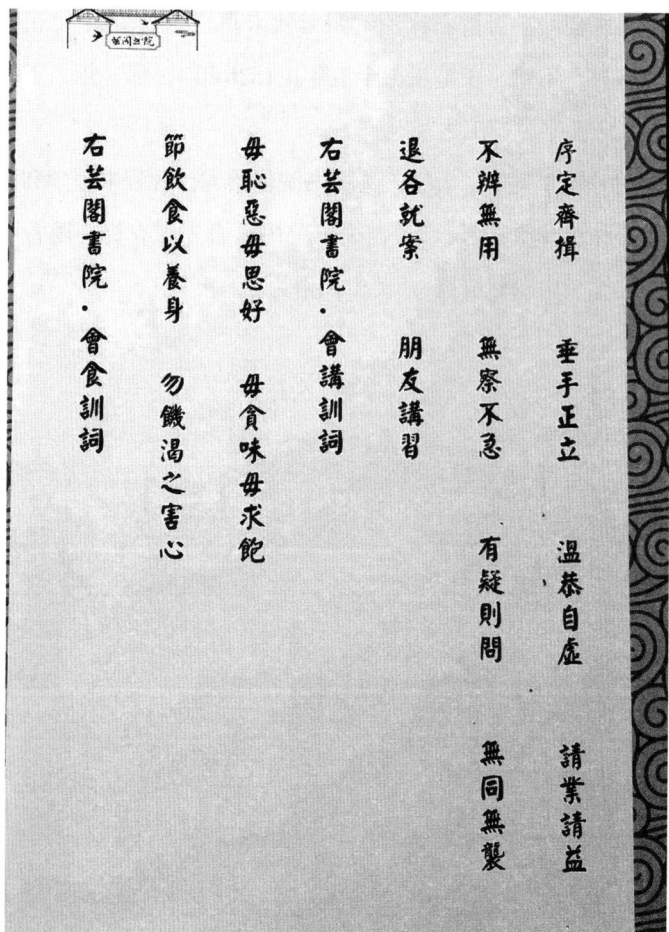

芸阁书院院训 2019 年 11 月摄

溪先生"周敦颐，故以"濂"字名之。因其故居和讲学的芸阁书院皆在蓝田灞水河川地带，故先生自号"蓝川"。他曾求学于关中书院，是名满三秦的理学家、教育家、社会活动家，清末"关学"的代表人物，被尊为"横渠以后关中一人"和"关中大儒"。先生曾言，"真经济从五伦做起，大文章自六艺行来"，诚知真谛在行间！

家家有明堂

洛阳周公庙的展室墙上有一幅结束语，上书：

参天之木，必有其根。

怀山之水，必有其源。

不知祖，不足以为道。

不知古，不足以开来。

洛阳周公庙 2018 年 12 月摄

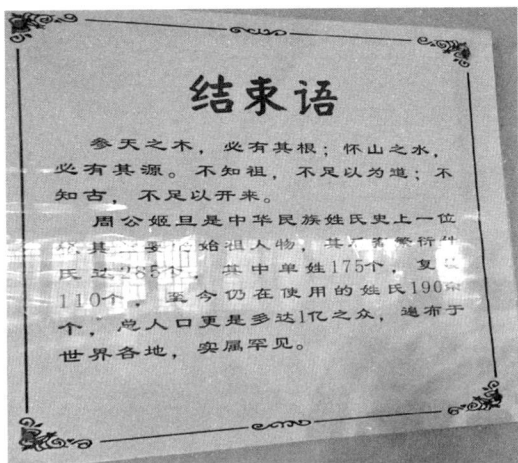

结束语

参天之木，必有其根；怀山之水，必有其源。不知祖，不足以为道；不知古，不足以开来。

周公姬旦是中华民族姓氏史上一位极其重要的始祖人物，其所衍衍的姓氏达2584个，其中单姓175个，复姓110个，至今仍在使用的姓氏190余个，总人口更是多达1亿之众，遍布于世界各地，实属罕见。

2018 年 12 月作者摄于洛阳周公庙

　　20 世纪 20—30 年代，深受阳明心学泰州一脉浸润的梁漱溟（1893—1988 年）在广东、河南、山东等地进行"乡村建设"实验，特别以始自 1931 年山东邹平的乡村建设最见成效，当时引起社会各界的高度关注。说起成功的核心，其一是有明确的指导思想，其二是有可操作的路径，其三就是专注于《吕氏乡约》的研究运用。

　　梁漱溟始终认为，中国问题虽涵盖所有政治问题、经济问题，但说到底还是一个文化问题。

　　论及乡约的正向作用，梁漱溟说，乡约，充满了中国人的人心向上的精神，同时借鉴早期丹麦现代农民合作运动的经验，明确团体与个人，彼此互相尊重，互有义务，重视民众自醒自觉；并采用中国古人传习的乡约做法，传统伦理从情谊出发，以对方为重，人与人之间的关系可做到连锁密切、融合无间的地步，这比起西方

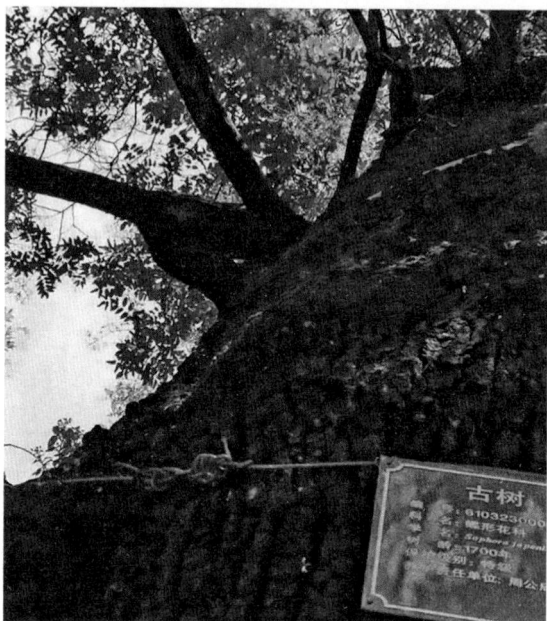

一千七百岁（东晋）国槐 2019 年 8 月摄于陕西岐山周公庙

所谓"契约精神"，有过之而无不及。他总结，乡村组织必须是教学组织，提倡农民"求进步""向上学好"。乡学作为"政教合一"的机构，就是把人生向上这件事情交由文化团体来帮助，使乡村每个人的生命去往更智慧、更道德、更善良的方向。

20 世纪六七十年代，韩国新农村建设以及日本农村建设，均吸收过梁漱溟先生乡村建设中的理论和经验，比如建立合作组织等某些具体设计。即使在今天，梁先生的乡村建设理论依然是一个颇值得各层级地方政府深入研究的课题。

一说乡村自治与乡村建设，必不能绕过中国自古有之的"三堂教育"。自先秦至明清，古人的教育由三个向度支撑：

一是学堂，以儒家经典和做人之道为起点，培养了两个重要阶层：一是士大夫，乃一国之"良知"；二是乡绅阶层，即实际意义的民间自治团体。这两者，事实上担负着整个国家的治理责任，是至关重要的社会管理阶层。那么，负责这些人基础教育的学堂先生，对中国传统社会的作用就显而易见。

二是宗族祠堂。祠堂是传统中国最普及的教化和信仰场所，是宗族精神的象征。族中德高望重者立堂以居，供奉列祖列宗牌位。人们依四时祭祀，使"世继不迁"。传统中国人的一切人生礼仪，诸如冠礼（成年礼）、婚礼、丧礼、祭礼皆在此完成，所谓"萃于一堂，联于一心"。在这里，我们深切地知道祖先的存在，真实感受到祖上一脉相承的文化体统。宗族的归属感在祠堂里才具体而热切，就如同前文的《吕氏乡约》，如同《白鹿原》中叶落归根，成为朱先生关门弟子，真正做回鹿兆谦的黑娃。

三是明堂。明堂是家里的正厅，也叫中堂，是家族议事、会客和祭祖最正最尊贵的位置。明堂的渊源或来自于"周公朝诸侯于明堂之位"，传达"训诰"之所。在严肃的影视作品中，还能看见一家之主端坐于太师椅上，向子孙们进行家风家训教育和严格的"天地国（君）亲师"的道德教化的场景。明堂正面通常供奉"天地君（国）亲师"牌位及祖训牌匾。逢年过节要从祠堂请来先祖牌位祭供，行烧香跪拜磕头礼仪——礼天、礼地、礼君（国）、礼师、礼敬祖宗和双亲。在这里，家中后辈从小熏沐礼乐文化、陶冶平和之气质、平和之心态、平和之精神境界。人有所敬畏，才不会陷入"小皇帝""熊孩子""公主病"的教养怪圈，自然谦卑不霸道，这才叫有"明堂"，才知道止于何处，才算得文明人，不会胡天胡地，虚张声势地活着。

此外，还有民间道堂为辅，儒释道三教相关的民间信仰所寄之处，比如关帝庙、土地庙。对于大地上生息的人，道堂回答了"事死如事生"这一终极关怀之迷思。

四者相辅相成，使乡村里繁衍生长的中国人，在祖先的慈悲注视里感念大德，视死如归，死得其所。

大抵人生百年后必要有个去处，既能让家人安顿，又能劝善抑恶，使人心有所敬畏。乡村建设，在追求脱贫致富外，尚需发掘几千年来以"三堂"教育支撑的农耕文化与有公信力的精神皈依，不然，人就这么茫然地活着，前无视古人后不顾来者，不再仰望星空，也无内心值得敬畏的道德律，对死亡的恐惧化成及时行乐的贪念，人生成为没有航标的河流，这样的无明是最可怕的赤贫。

传统学堂、祠堂和中堂各司职打底子的素质教育，支撑内心的宗族教育和信仰教育这三个不同的精神维度，以辅助体制教育之外的人伦教育。我们难得闲暇圆满的人生，无论如何总归是需要精神出口的。

因此，时下有人倡议，乡土文明的重建可通过三堂合一来实现，将讲学、祭祖和精神信仰调和为一个公共文化，使传统三堂的文化功能整合起来，回归日常生活空间，成为现代乡村和社区教育文化中心，承担起基层大众人文素养、气质再造的功用。

记得美国有《教养的迷思》等书，探讨"传统社会"和"现代社会"多子家庭的差异，发现家庭完全不能帮助孩子完成"社会化"，这项工作必须靠学校来完成……这一方面是欧美社会的事实，一方面也反映出美国有今无古的事实，彼此所说的"传统社会"，其实内涵根本不是一回事。

在中国，自古及今，家庭教育永远位列人生教育第一位，就像一颗种子播种在土地里，没有春天的生发，永远不会萌芽。最初的土壤，就是家庭、族群。

我们是时候做回自己了。

诗书蕴香火

民国学者胡适，八九岁时，开始遵照父亲开出的书单读书，前三本以父亲自编的韵文教材破蒙，后来进学堂时，"三字经""百家姓"之类尽可不在列；后面书目依次是《孝经》《小学》，朱子注"四书"：《论语》《孟子》《大学》《中庸》，以及《诗经》《尚书》《易经》《礼记》，且后三本不读注文，只读原文。后来胡适致力于"整理国故"，靠的都是这些"童子功"。尽管那时留洋学者大多倾向用西方的学科分类或学术方法将经典的价值下沉，降维至古典文学作品或哲学类论文的范畴，但终究还是会直面经典在思想史上留下的光辉。

胡适日后成为一个无神论者，崇尚理性，富有怀疑精神，即"吾爱吾师，吾更爱真理"（亚里士多德），竟是因少年时代某日，温习朱夫子的《小学》，内有司马光《温公家范》，促使他日后阅及《资治通鉴》，因为《资治通鉴》中录有范缜的《神灭论》，又使他"迈出了研究中国史的第一步"。胡适常感叹，温公绝想不到，八百年后，他的著述竟感动并觉悟了一个十一岁的少年！他传记载"贤臣叔孙豹于纪元前五四八年（时孔子还只有三岁）谓有立德、立功、立言三不朽"，此三者"引动我心有如是之甚"。

出生于安徽绩溪的胡适之先生，幼读私塾，13岁入新式学堂，19岁出国留学，据说拿了35个各类博士头衔。包括他在内的几乎所有白话文运动及五四运动先驱都是从旧式教育中走出来的，那种因为对旧制度不满而产生的愤懑情绪，最终被带入文言文革命，差点把汉字废掉改造成拼音文字，并且坚称文言文是一套与现代化无关的传统知识，是传统的对于文字的崇拜和迷信。胡适写过大量自传性文章，为"给史家做材料，给文学开生路"。对于那位教给自己一生待人处世智慧的母亲，这位白话文运动的意见领袖，写过一篇感人至深的文言文回忆录。其实就连当年的白话文运动，也是肇始于他那篇用文言文写成的《文学改良刍议》。这些文字，今人已不得不借助工具书、网络搜索才能读明白。

我尊敬一百年前的先辈，也无比感恩那些极力维护中国语言文化的有识之士。兀自一想，家训，若是全部翻译成白话文会怎样？诗经、汉赋、唐诗、宋词呢？细思极恐。1995 年，公历 4 月 23 日被联合国教科文组织定为"世界图书日"，提案国是西班牙。提议的灵感源于他们的勇士杀恶龙救公主，公主感恩回赠一本书的民间传说，据说从那时起，书就成了胆识与力量的象征。让我们稍作联想：此后每年这一天，一个有五千年绵延文明史，占世界人口近四分之一的东方文明古国，终于从遥远西方加泰罗尼亚的美丽童话里，找到了促销图书的商机和买书送礼的理由，真值得奔走相告！

看一看全世界最喜爱阅读的几个国家：德国、以色列、匈牙利、俄罗斯、日本、美国……德国还是世界上书店密集度最高的国家。据说在德国，很多孩子人生的第一件"玩具"是书；书架是客厅的主要家具，家庭平均藏书 300 多册，大人孩子都喜欢纸质书，喜欢读有深度、发人深省、震撼心灵的作品。他们还说，一个没有书的家庭，如同一间没有窗户的房子。

我们的祖先发明了纸，但我们离读书的习惯渐行渐远。我们之所以以"半小时让你快速读完一本书"为阅读，是因为书也在快餐化，以量取胜的阅读，不得不快进；各种刷屏，让大脑整日被大量八卦和垃圾信息轰炸，刷出了浮躁的新高度，每天既惶惶不可终日又很难专注，还以这种短平快的浅阅读为自豪。有媒体说，中国人每年人均读书 0.7 本，韩国 7 本，日本 40 本……当年认为白话文容易而文言文难，因此造成阅读障碍，使得大家不爱读书，故而识字率低下国民素质难提升的那些读书人，如果看看今天的世界阅读排行榜，不晓得会如何……始作俑者，其无后乎？

某位日本设计师在一本书中说，我在中国旅行时发现，城市遍地的各种店铺中，书店寥寥无几，书店里也没什么人。中国人每天读书不到 15 分钟，不及日本的几十分之一。

衡量一个民族的精神境界，阅读水平是个必选项。一个社会，是生生不息向上，还是浑浑噩噩沉沦，他们的国民，他们的青少年都在如何阅读，读些什么，或许能决定这个民族到底走向何方。

阿根廷有个远古山洞，岩壁上画着无数只伸向虚空的手，那一双双手，真切如底片，让人不寒而栗。面对这大约 9000 年前的遗迹，我们猜不出它究竟在传达些什么，是探索、祈祷、欢呼、礼赞、膜拜，还是呼救、惊恐、呐喊、绝望、求乞……但我们无法不惊心动魄，思绪万千。而今的中国人，正经历着物质的膨胀与精神的萎缩，该如何直面心灵的"滞涨"？

再不重拾这个民族对文化、文字、阅读的爱与敬，当如何面对我们的过往和未来？

何不带吴钩

后人但凡剖析中华民族百年屈辱史的源头，便会不假思索地归咎于儒家思想，孔孟之道，总说是传统观念让国民体魄孱弱，精神委顿，奴性十足……乃至缺乏尚武精神，于是积贫积弱，落后挨打等等，这语焉不详的讨伐如一面灰暗的残旗，在神州的天空飘荡了百余年。

我们不妨听听百年前出生的这批年轻人蓝天般纯净的歌声——

> 风云际会壮士飞，
> 誓死报国不生还。
> 走进生命的幽谷，
> 开创国家的出路。

1937—1945 年这八年中，大约 1700 名年轻人，有的来自顶尖学府，有的是归国华侨，有的出身于名门望族，用今天的话，他们明明可以靠颜值靠家世背景在国外逍遥，然而，这些一百年前的"高富帅"，穿梭于烽火间，血洒长空，只为践行男儿诺言："吾辈今后自当翱翔碧空，与日寇争一短长，方能雪耻复仇也！"

他们的学校门口立着校训石碑：

> 我们的身体、飞机和炸弹，
> 当与敌人兵舰阵地同归于尽！

这并非口号，是入学时人人写下的遗嘱。作为近代中国第一代战斗机飞行员，捐躯之时，年龄平均 23 岁。年轻的生命经历的不是生活的幻光，而是最切近最真实的国仇家恨。

1937 年 8 月 13 日淞沪会战打响，时任空军中队分队长的沈崇海随空军第 9 队奉命参战，在长江口外阻击日军以支援陆军。8 月 19 日上午，他与战友陈锡纯同机，轰炸泊于白洋港外的日军军舰。飞机突然起火，为不辱使命，二人放弃迫降机会，毅然驾机直冲日本驱逐舰"出云号"。爆炸声中，二人以身殉国。沈崇海牺牲时，不满 26 岁。

电影《无问西东》里，沈光耀的另一个原型陈华熏，1923 年生于江苏昆山一个书香世家，其父陈定谟 18 岁负笈出洋，先后就读于哥伦比亚大学与芝加哥大学，后在北京大学任教。母亲杨玉洁，是位曾在五四运动中担任北京妇女救亡会会长的奇女子。国难当头的 1942 年，就读于昆明中法大学理学院的陈华熏与沈崇海一样，毅然选择报考空军军官学校，并脱颖而出。1945 年 1 月 5 日，陈华熏与战友们一起出动，驾机奔赴武汉。至孝感上空时，遭遇敌机。他驾驶战机低空扫射停机坪上的敌机，往返 8 次，最后被敌防空火力击中，与机同殉，时年 22 岁。

1938 年的一个雨夜，西南联大的梁思成、林徽因夫妇，循着深巷飘来的小提琴声，结识了八名风华正茂的飞行员，他们后来全部阵亡于抗战结束之前。彼时，林徽因的弟弟，同为飞行员的林恒殉国已三年。林徽因曾为此写下《哭三弟恒》：

飞行学校飞行员老照片 来自网络

这冷酷简单的壮烈是时代的诗，

这沉默的光荣是你。

……

只因你是个孩子，

却没有留什么给自己，

而万千国人像已忘掉，

你死是为了谁！

　　二战后，丘吉尔曾旌表英国皇家空军："在人类战史上，从来没有这么多人对这么少的人，亏欠这么深的恩情！"我们何尝不是亏欠了这群投笔从戎的大好青年舍生取义的深恩！

　　何为家国情怀？他们以行动作答，只有斩断自己的未来，才能让自己所爱的人们拥有未来——此之谓"智、仁、勇",谓"忠、恕",谓民族大义。

影片《无问西东》中,沈光耀跪拜母亲,背诵祖传家训,脱口而出:"祖宗虽远,祭祀不可不诚;子孙虽愚,经书不可不读。"(出自《朱柏庐治家格言》)"不得以有学之贫贱,比于无学之富贵也。且负甲为兵,咋笔为吏,身死名灭者如牛毛,角立杰出者如芝草。"(出自《颜氏家训·勉学篇第八》)

蓦然间,我们懂了,青春韶华的沈光耀们,是在历代圣贤、家族祖辈崇文尚武之风的教化下,沿着清晰完整的轨迹与路标,心怀家国,笃定地走完了他们夏花般绚烂的人生之旅。

"时危见臣节,世乱识忠良。投躯报明主,身死为国殇。"爱诗的人们津津乐道南朝鲍照的这番豪气,赞美他对身后唐诗的垂范,却忘了出身寒门士人的他,与当年孔子父亲"大力士"叔梁纥一样,并非孱弱书生。26岁的他,意气风发,欲投奔临川王刘义庆(《世说新语》著者)。人讥讽其不知天高地厚,鲍照拍案而起:千百年来有多少英雄豪杰、异能志士被埋没,寂寂无闻一生不得志!大丈夫岂可自甘于尘网,如芝兰混迹杂草,任凭岁月摧折,以致终日碌碌无为,苟且于燕雀之辈!几经辗转,终得遂志,后人皆称其为"鲍参军"。其气概赢得诗仙李太白的衷心拥趸,少小就将他视为心中偶像,比之于麟凤。诗仙的诗风亦"常从鲍照游",后来《侠客行》"十步杀一人,千里不留行。事了拂衣去,深藏身与名"无处不有鲍参军当年的慷慨潇洒。

曾子论勇,言阵战无勇,非孝也;临大难而不惧者,方是圣人之勇。"志士不忘在沟壑,勇士不忘丧其元",一旦临大事大义,出身草根的志士仁人从来不惧捐躯沟壑，抛弃头颅。梁启超先生议《论语》《中庸》时，多以"知仁勇"三达德并举，认为孔子对尚武精神推崇备至！

孔子当年在鲁国做大司寇（类似今最高法院法官）时，陪同鲁定公与齐侯会盟，临行嘱鲁定公，"有文事者必有武备"。后按外交礼仪之大节，他酣畅淋漓地为齐国君臣上了文武双全的一课，完胜归国。齐侯回国多日仍耿耿于怀：鲁国用孔子，是以君子之道辅君，堂堂正正；你们这群臣子却只会用蛮夷的旁门左道，让寡人丢人现眼，自取其辱。

民国学人杨度说，孔子所谓的"诚意，正心，修身，齐家，治国，平天下"之道，在以往乃至当时的中国，是没有人肯相信并付诸行动的。反观日本，借文化与宗教之助，实行之力已然越来越大。

今夕何夕？痛定思痛。我们不禁要问，古往今来，究竟自哪一代读书人始，丧失了这等大丈夫的雄浑之气与侠之大者的尚武精神？且留待诸君见仁见智。

第三章　家训春秋 心源万古

被德国思想者雅思贝尔斯称为"轴心时代"(《历史的起源与目标》1949年版)的那个时期（公元前800年—前200年间），东西方共同觉醒。很难说是人类历史的何种契机，催生了中国思想史的奇点，一时间百智出山，高手如云，所引领的思想与智慧灿如星辉，它直达天际，成熟得惊人。

历经数千年势运变迁，智者与士人撑起的赫赫世家，渐渐流离为千千万万"民众""百姓""庶人"。中国人常说"五百年前是一家"，不错，若一再溯源，会发现很多异姓也曾来自同一姓氏的宗族。

我们的先祖，是一位位"无为自在"的农夫，曾击壤高歌"日出而作，日入而息，凿井而饮，耕田而食"。有以术御道的工匠，曾在殿堂下一边斫制车轮，一边对齐桓公说，制器的心法是难以言传的；有大隐于市的荷蒉人，曾路过孔子门外，听得出夫子击磬的隐忧，也能为他开解；还有戍边的士卒，思乡夜里观察到月亮靠近南方毕宿，喃喃自语"要下大雨"，而远方祈盼他平安回家的妻儿，也知星宿晓天文，能唱出"三星在天""龙尾伏辰"……没有他们，怎么会有现在的我们？他们中又有哪一位不应被我们永远铭记和祭拜？

我们的祖先，就算是最平凡的庶民，也值得我们为之喝彩。我们可以借族谱家训依稀与他们气息相通，哪怕历经多少内忧外患与天灾人祸，依然得以青山常在柴不空，绿水长流脉不绝，这本身就是奇迹！千万个你我活在今天，便足以证明祖先不朽生命力的伟大。仅这一点，便足以让我们心生敬畏。

在"家族树"最末端的我们，是如此平凡以至平庸，甚至没有一部可以勘验自己来历的家谱，如无根的浮萍，一任八方风吹。

我们有责任为这棵必有其根的参天大树，绘出一幅枝繁叶茂的图谱。

十翼书院山长米鸿宾老师展示来自日本的幼教立体书《给未来》中的家族树

一切历史都是思想史，人是一切的根本，无论东西方，都须承认，作为这个世界的观察者，人创造了自己世界的一切，无论善恶高下。毕竟哲学也好、科技也罢，或是宗教、学问、艺术、教育、风俗……这些人类智慧的体现，如若不落在一个个鲜活的人身上，便失去了存在的意义。中国文化更离不开"天人关系"。老子说，道法自然，人是居于天地之间的"四大"之一。很难想象，谁能撇开历史时空只去辩论人的个体价值，或抛开家世传统去泛谈人与世界的关系。

沿着中国文化的大脉络神游，我们发现了四个高光坐标——先秦思想的睿智，两汉经学的博大，魏晋玄学的放达，宋明理学的明辨。千百年来，儒释道医各自证道又彼此水乳交融，同归而殊途，一致而百虑。

中华姓氏墙 2018 年 12 月摄于洛阳周公庙

中国文化的一个独特处，还在于历代后人为前代人写史作传的自觉。在同一片天空，同一片土地，不同时代，皇皇二十四史，英雄五霸闹春秋，虽多是帝王的家事国事，而身为后人的我们，也由此启明出自觉——每个家族，岂不理应都有一部属于自己姓氏渊源、家族世系的"史书"，一部自己的家春秋？

那么，请不妨放下执念，收起傲慢和浮躁，报以久违的敬意与深情，在这高度物质化的时代，给自己一个机会，留一颗干净平和之心，沿着这条奔流不息的文化血脉，从共通的来路循迹探源，去寻访我们祖辈世代的荣光。

颜氏回光

颜回（前521年—前481年），名回，字子渊。甲骨文"回"与"渊"互训，意指"回水"，即漩涡激流中的水，渊水回旋之形。庄子解"渊"字说，"鲵桓之审为渊，止水之审为渊，流水之审为渊"。"鲵桓"就是顺应外物而怡然自得的境界，自始至终未失其静默。我们细细品味颜回的名字，百转千回，静水深流，常渊然自若。其名与字未尝不蕴含着这位先贤四十一年的命运轨迹！

孔门"升堂者"七十二贤中，有八个颜氏子弟，史称"孔门八颜"。颜回十三岁时跟随父亲颜无繇（颜路）一同拜夫子为师，这是他一生的转折点。当时，孔子正值不惑之年，曾皙、子路、

2018年12月摄于洛阳周公庙

子贡等师兄都已渐有声名。六年后，十八岁的颜回完成学业，开始追随孔子"志于学"，推行夫子之道了。

孔子曰："颜氏之子，其殆庶几乎！有不善未尝不知，知之未尝复行也。"颜回大约是《易经·系辞》里唯一提及的当时代人。孔子赞赏颜渊之仁，近乎完美，又能有先见之明的功夫，明察秋毫，因而能避免犯同样的错误，因为他"通于物类之变，知幽明之故"，加上仁义礼乐已抵达"穷神知礼"的大成之境。及冠之年的颜回已深通易理。

颜回十九岁时，打算经卫国西去宋国求婚。媒人是卫国大夫颜浊邹，他与颜回同宗，又是子路的妹夫，在卫国很有名望，并愿与蘧伯玉一起向卫灵公推行孔子的学说。颜回临行前问孔子：老师您说，我将怎样修身呢？孔子曰：以恭、敬、忠、信来修身……必然免于祸患。以这四种德行可治理国家，何况个人修身呢？此后，颜回又随师游历，到过郑国，考察贤人子产的为政之德。他回到鲁国故地之后，除了讲学传授六艺，便是襄助老师整理古代典籍。尤其对《易》，颜回是承担主要整理工作的。颜回凤慧，闻一知十。这种整理，并非简单地抄录与编辑，而是严谨地考证与修订。他渴望把周游列国多年所得的各类古籍去伪存真，互为参照佐证。本就体弱的颜回，凤兴夜寐，呕心沥血，以致须发早白，最终四十一岁过劳早逝。彼时年七十的孔子连连悲呼"天丧予"，痛不欲生。史说，颜回生来面嫩，有不足之相，是以不长寿。老子说，"死而不亡者寿"，肉体生命虽不寿，但颜子的精神生命与天地日月同寿。

颜回死后，孔子在颜回修订之《易》的基础上，"韦编三绝"，得以给后世留下一部完整的《易传》。

孔子困厄于陈蔡之间，作为中国思想史上的大事件，《论语》《庄子》《孟子》《荀子》《吕氏春秋》《孔子家语》《史记》，甚至《墨子》都从不同角度有所记载。孔子离开宋国，应楚王邀请，经陈国、蔡国赴楚。两小国深恐，楚国一旦重用孔子及其弟子，国力必愈强，陈蔡岂不岌岌可危？即派兵阻止孔子一行。前后围困七日，师生几乎绝粮断炊，每天有人病倒，孔子仍讲诵并弦歌不辍。

如此内外交困之际，孔子分别向三位弟子提了同样的问题，事到如今，是我错了吗？子路、子贡都流露出怨怒和疑惑，唯有颜回，一扫往日静默："夫子之道至大，故天下莫能容。虽然，夫子推而行之，不容何病？不容，然后见君子！夫道之不修也，是吾丑也。夫道既已大修而不用，是有国者之丑也。不容何病？不容，然后见君子！"老师，您的主张没错。提不出治国的办法，那是君子的耻辱；提出完备的治国方案，却不能被用以施政，那是当权者的耻辱。不被世间容纳有什么好怀疑抱怨的？坚守自己的正道，才无愧君子之风。这段掷地有声的慷慨陈词，与老师同声相应。孔子对之以那句著名的话，君子的亨通与穷途是以是否得道来衡量的。如今我怀抱仁义之道而遭乱世之患，并没有到生命的穷途末路！所以我内省而不穷于道，临难而不失其德。"天寒既至，霜雪既降，吾是以知松柏之茂也！"遂欣然叹道："颜氏之子！使尔多财，吾为而宰。"生死一线，老师还乐呵呵表示若有机会将来甘愿辅佐自己这位学生，可见这层"亦师亦友"的关系之相惜相契，堪称知己！七日兵围，人心惶惶，还有爱"方人"的子贡告状。孔子信任颜回的人品，并告诉门生，这种信任由来已久。孔子自从有了颜回，发现门生们更加亲近自己，就像文王得到"四臣"，说自己得到了

"四友"。

之后脱险，孔子回顾陈蔡之厄，视之为人生的一场逆境修行，就如同齐桓公当年亡命莒国，晋文公重耳遭曹国君臣戏弄，越王勾践兵败受辱于会稽山一样，"于丘其幸乎"！

少正卯与孔子竞争弟子时，使"孔子之门三盈三虚"，唯有颜回从未离开师门半步，因而后人评价道："颜渊独知孔子圣也！"（王充《论衡》）在颜回心里，老师的学问与德行，如高山大海，仰之弥高，深不可测，让他瞻前顾后，心驰神往，欲罢不能，总觉得自己没能完全领悟。

颜回的深沉笃定，常被后世贬低成没个性，一味顺从听话，甚至说是随声附和的愚忠。事实上，出处语默，行藏用舍，在颜回身上，除去了"意必固我"的浮华之后，就是儒者以虚致实的完全体证。我们以肉眼观古人，对于经典，既缺少虔诚心，又存一份顽固的偷心和虚无的优越感，难以真正理解先贤生命的维度，只能貌似走近他们，却远远无法走进他们。

据诸子典籍《尸子》载，孔子评价这六个弟子，"志意不立，子路侍；仪服不修，公西华侍；礼不习，子贡侍；辞不辩，宰我侍；亡乎古今，颜回侍；节小物，冉伯牛侍。吾以夫六子自立也。"认为颜回对历史与时局的利害穷通心如明镜，甚至有时可以做自己的老师。颜回"退而省其私，亦足以发"，所以"回也不愚"。就如他从"桓山之鸟"听音识音，观变于"东野毕驷马"，在众人无知无觉之际，就已察他人之不察，这是长期"极深而研几"至"知几其神"的功夫，并乘势力谏施宽松的仁政，终让鲁定公从不屑到跃席而起，心悦诚服。

事实上，与孔子家族一样，颜氏家族也同为高门后裔。颜氏祖上原本是鲁国大夫，世代贵族，只是后来家道中落。到颜回成年，仍有郭外之田五十亩，郭内之田四十亩，尚可满足吃穿用度。孟子说过，如果不误农时，八口之家有百亩之田，"可以无饥"。孔子之所以说他"一箪食，一瓢饮，在陋巷"，应如程颐夫子言，"颜子箪瓢如是，万钟如是"，强调的是，若放到别人身上，恐早因不堪忍受物质生活的落差而心烦意乱，忙着"干禄""入官"了，而颜回与老师一样，一个不改其乐，一个乐在其中，即使居有高官厚禄，他还是自然而然地过日子，箪瓢与万钟两自在。若为追名逐利而失去了独立人格，哪里还有士的精神气质！

自汉高祖东巡祭孔，在曲阜修建颜子家祠，经历代修缮扩造，至明清改祠为庙，渐形成仅次于"三孔"（孔府、孔庙、孔林）的"三颜"。颜氏的后世子孙一直在那个夫子所称的陋巷生息繁衍，那是颜回一生伴师左右的乐土，也是颜氏子孙魂牵梦萦的精神家园。千百年来，即使流迁在外，颜氏后人仍会将新的居处命名为"陋巷"，以志"陋巷家风"之初心。

南朝百余年间，颜延之与颜峻，颜绍与颜师伯，颜见远与颜协，颜协与颜之推四对父子共载史册，绝非偶然。一个千年家族稳定的血脉传承，其根基是家风家规的言行有恒。

事实上，颜回之后七百余年，颜氏子孙都是世代单传，人丁凋零，尽管在操守与才学方面各有不俗表现。直到西汉，儒术重振，才有了转机。

颜回的二十三世孙颜敫（音暾，字士荣）在汉武帝"察举茂才"时脱颖而出，后来担任御史大夫，监察百官，净言直谏。他生有二子，颜斐与颜盛。历来严整的家教使他们既仁孝又博学方正。汉末时，颜斐（与西汉颜斐同名）从众多郡县举孝廉出仕。他在曹魏时任京兆太守十余年，能诚意履践"无伐善，无施劳"仁教天下的理想。在任内，兴农勉学，使遭遇战火满目疮痍的长安，百姓富足，风化大行，重获生机，司马懿也因此对他敬重有加。

颜敫另一子颜盛，因对社稷有功而封侯，举家迁至琅琊郡（山东临沂）"孝悌里"，育四子，自此颜氏人丁兴旺，渐成望族"琅琊颜氏"。

颜盛长子颜钦精通《易》《礼》《尚书》，人称"博达通人"，做过皇帝顾问。其孙就是《颜氏家训》中尊崇的颜回二十七世孙靖侯颜含，东晋名士。

后世评颜含"所历简而有恩，明而能断"，这"能断"二字，诚为真君子本色。当时士人尚清谈，曾聚而论少正卯、盗跖，问何者其恶更深？有人答，少正卯虽奸，还不至杀人而食之，当然是盗跖为害更甚。颜含却说：一个人为恶，彰显露骨，人们当然皆认为可得而诛之；但隐匿伏藏之奸，非孔子这样的圣人不能具备得而诛之的远见。由此观之，少正卯为恶更甚。一席至理名言，众人咸服。颜含论少正卯之"奸"，正是孔子所指连盗贼亦不屑的"人之五恶"：即明明险恶、邪辟、虚伪、乖戾、背道而驰，却以精明、坚定、善辩、博学、和悦凝润的表象示人（"一曰心达而险，二曰行辟而坚，三曰言伪而辩，四曰记丑而博，五曰顺非而泽"）。这样的人，表面虽垂范当世，但实质却是正道的对立面，如任其所为，则会因其感染力强而集聚大批追随者，致人心惶惶成势，虽短时看似未显后果，但在人心向背、观念认知、世风走向上却隐疾无穷。

颜含的《靖侯家规》历来颇为颜氏子弟所重。

颜回的三十世孙，颜含曾孙，南朝宋名士颜延之，与大诗人谢灵运、高僧慧琳素来交好，三子皆学贯古今，文章冠绝当世，又与陶渊明过从甚笃，常欢饮酬答，为他身后写下《陶徵士诔》。延之正直放达，居身清约，不营财利，布衣蔬食，但个性偏激，常独酌郊野，收放自如，旁若无人。纵情饮酒时肆意直言，从不迂回隐瞒，因而多得罪小人，世人呼之"颜彪"。为此他写下《庭诰》以诫子孙，其"酒酌之设，可乐而不可嗜，嗜而非病者希，病而遂眚者几。既眚既病，将蔑其正。若存其正性，纾其妄发，其唯善戒乎？声乐之会，可简而不可违，违而不背者鲜矣，背而非弊者反矣。既弊既背，将受其毁。必能通其碍而节其流，意可为和中矣"（《宋书》）。

这种告诫子孙饮食宴乐有度，嗜欲任性有节，善戒养正的"病己内省"之言，为日后历代家训所宝爱。正因如此，每个世族大家皆须以家族为念，相互扶持方可为继。家族凝聚力尤为紧要，族中长者每有警示子孙之言，一时间，"家训""诫子书""闺训"不绝于耳目。

颜氏子弟自幼家学开蒙，代代传习礼乐史籍，家族中多为能文能武之才。

西晋乱世，颜含率颜氏一门举族南渡。颜含后来的政绩渐可擢升家族社会地位，其言行事迹亦为后人立范，这在《颜氏家训》中都有详述。颜回三十四世孙颜之推，上有两位兄长，之仪与之善，弟兄三人在父亲颜协（勰）宽严相济的教导中长大，皆规矩端方，言语平和，神色安详。

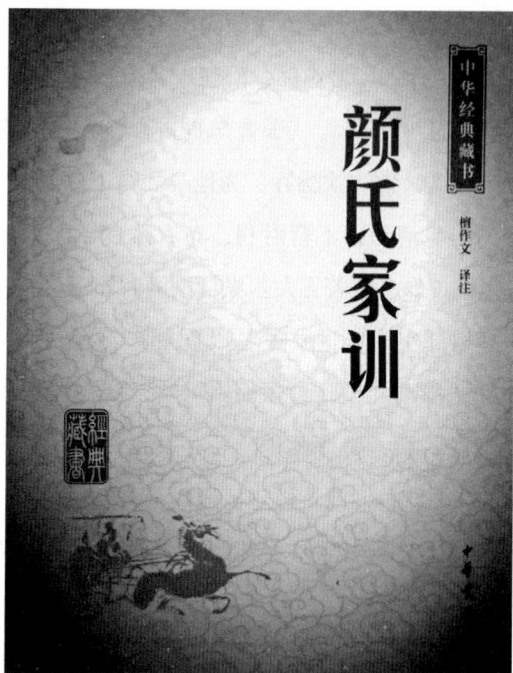

《颜氏家训》中华书局 2016 年版

颜之推的长兄颜之仪，颜含九世孙，与北周宇文太子亦师亦友。太子登基后更加器重他，直至临终托付虎符玉玺。当时权臣杨坚在相位时索取未果，曾欲杀之后快，却因畏惧民意，只好把他贬至西部做郡守。多年后，隋朝大定，二人相见于朝堂，已经做了帝王的杨坚（隋文帝）竟当面赞叹颜之仪当年"见危授命，临大节不可夺"的气节！

之推年七岁时，父亲过世，幸有二位慈兄入仕养家。魏晋时，豪门逸乐斗富，士族奢靡忘善，少年之推常与世族子弟厮混，渐染轻狂放诞之习，"好饮酒，不修边幅"。这段岁月，之推直言不讳写入《家训》，以儆后人。十八岁之后，之推厌倦逸乐，渐入正途。宗经于《左传》《尚书》等学，好学博通，对那个时代各领域学问都有涉猎。《颜氏家训》二十篇，见地非凡，平而不庸，切近时弊，又温暖周到，正是他多年厚积薄发的结果。

待侯景之乱，昆仲二人同为阶下囚，之仪幸而得以先回到长安。之推远不如兄长幸运，他遭遇"一生而三化"——由南朝梁到西魏的流离失所，再历北齐、北周、隋三次改朝换代的战祸，"备荼苦与蓼辛"，饱受三度亡国的辛酸苦难，这对于之推这样的儒生，无异于人间地狱、生死浩劫！彼时文人，多亡国悲情之作，唯有之推作赋："民百万而囚虏，书千两而烟炀。溥天之下，斯文尽丧！"其拳拳之心，皆以华夏文化为念。无论当下后世观之，都是悲天悯人的大格局。

历二十二年流亡之旅，终回长安，之推与长兄之仪重逢，已是"素鬓变秋草"。是智慧与生命力使他死里逃生。身处北齐不可理喻的蛮荒，为让文脉不绝，他煞费苦心，从自古认同的易子而教，不得不变成亲自"提撕子孙"，之推靠的是内心作为颜氏一脉的不灭信念。

隋朝统一后，之推一面在朝中主持文化典籍整理修编工作，复原及重修礼乐，一面着手著《颜氏家训》。期以书笔为火烛，回眸半世离乱生涯，为子孙点亮今后的生命之路。这部心血之作，已远不止是一本《家训》，"篇篇药石，言言龟鉴"，反复刊刻，"家置一册，奉为明训"。它几乎涵盖人生从生到死的方方面面，是一部"生活宝典"及逆境"成长手册"。长者之心，何其殷切！

书成不久，之推病逝，时年六十岁。

长孙颜师古，初唐经学家，传家业，遵祖训，学问通达，精通史学、训诂学。他精疏《汉书》，《四库总目》评其"条理精密，实为独到……不愧班固功臣之目"。师古三个儿子皆秉承祖训，传续家学，各有建树。尤其幼孙颜勤礼，乃书法大家颜真卿曾祖父。颜勤礼孙女颜真定，自小浸润经典，成年后德才双全，曾是武则天女史。她一生中，不但教育两个弟弟长大成人，传承家风，还以断耳救叔的果决，洗清了叔父颜敬仲的不白之冤，其雄略贤德使武则天大为震动。后人又编写《颜氏家诫》，以规矩细节，便于子孙自幼效仿，随时修正，也便于长辈公正对待，不偏不私。

这些品行传承自颜氏祖辈，到唐朝颜真卿、颜杲卿等人身上，那番玉碎殉国的凛然大节，令宗风尤振，后人泣下。

附：说来颇有趣，原建于明洪武二十年（1387年）长安（今西安）东门内九曜街的都城隍庙，于宣德八年（1432年）移建鼓楼侧大街，因统辖西北数省城隍，故称"都城隍庙"，是当时天下三大"都城隍庙"之一。隍，本是护城河，具象化为道教"剪除凶恶，保国护邦"的护城神，为民间崇祀，历来多由忠烈之士或聪明睿智者担当，还可由当地百姓民选。这里供奉的城隍就是民选的汉将纪信，他勇武忠诚，救过刘邦一命。

庙牌楼正面是"都城隍庙"四金字竖匾，背面横匾上另有四个贴金大字"你来了么"。这直愣愣貌似家常大白话一问，却不料原是道家警语，暗藏因果循环"古往今来放过谁"的密意。只有内心坦荡无惑的人，临此匾才敢大声应对：
我来过了！

这两幅牌匾的字不是来自别人，正是颜子后人颜真卿
所书。

"你来了么" 摄于 2019 年春

家训，是随着一个个家族的兴起，代代血脉凝聚而成的。《颜
氏家训》，成书在南北朝那个特殊年代，与颜回所处的春秋乱世回
光互照。可以说，编纂家训这个使命落到颜氏子弟的身上，是历史
必然。它也是孔、曾、孟的家训，更是中华民族的第一家训。授
业解惑，传递知识与学问，是师者应做的最低层面；将自己对待人

生大小事情的态度、思路与心法传递给子女，是第一任师者——
父母的职责。颜氏子弟素能秉承以德才立家，清静贞正；以诗书传
家，进德修业，应时而化——这就是一以贯之的门风家规。

颜林 2019 年 6 月友人拍摄于山东曲阜

　　宋代后，颜回已被尊为"复圣"，颜氏家族的地位在官方、民
间都不断提升，明代时已成为显赫贵族，得享"积善之家"必有的
那份"馀庆"，"阴德"之下必有的那份显荣。如今，除了在山东
曲阜与孔子故里比邻而居，颜氏宗祠、颜子庙遍及山东境内乃至全
国其他地方，如河北、江苏、浙江、湖南、安徽、江西、广东、
黑龙江乃至台湾。
　　颜氏后代子孙尊颜回为一世祖，其精神财富得以代代传承。比
如其后的鲁国隐士颜阖，"居疏陋之间巷，着粗恶之布衣，身自饭

牛，足明贫俭"；齐国高士颜阖，"晚食以当肉，安步以当车，无罪以当贵，清静贞正以自虞"。这与颜回的志向确乎一脉相承。

颜林

　　然而，在现代人看来，名利也不一定都是负面的，颜回那种安于贫穷是不是有逃避现实，不思进取之嫌呢？

　　自古传说的才德之士，即使在乱世，亦不乏晋身仕途的机会。老子对求教的孔子说："君子得其时则驾，不得其时则蓬累而行。"孔子总结道，危邦不入，乱邦不居。天下有道则见，无道则隐。孟子更有心得：往圣先哲，一旦得志，恩泽惠及众人；若不得志，就以修身为世人表法。这就是"穷则独善其身，达则兼善天下"。

　　隐士颜阖，与颜回同宗，做过卫灵公太子蒯聩（音 kuǎi kuì，卫庄公，卫国第三十代君主）的老师，但他后来拒绝出山为相。鲁国国君事先派人前去送礼聘请，他索性凿壁逃走归隐。自古贤者，或避世，或避地，或避色，或避言。孔子虽从不避世，但内心无时不向往那种"乘桴浮于海"的大自在，临鲁国乱象，当然也会选择避地。

士，面对君王抛出的优渥待遇，若时逢恶世，正道不行，即使是世人梦寐以求的"食必太牢，出必乘车，妻子衣服丽都"，亦无分毫贪恋。颜阖向傲慢的齐王表明心志：你有钱有权，我不稀罕，我的道，你够不着。如是长保人格独立，终身不辱。他深知"事若不成，则必有人道之患；事若成，则必有阴阳之患。若成若不成而无后患者，唯有德者能之"。何为精进？精进不是一味进取，而是动静不失其时，应时以行中道。这是最需要勇气直面的现实。

陌巷 2019 年 6 月友人拍摄于山东曲阜

晚于颜回一百五十余载"德参孔颜"的孟子，深憾没能在夫子身边侍坐问道，只能做私淑弟子（对自己所敬仰而不能从学的先师的自称）。孟子曾评价颜子，是与大禹、后稷一样拥有伟大人格的人，如果交换时空，其所做的贡献不会不同。宋代陈普作《孟子·私淑》诗，足以表达这种跨越时空的同声相应：

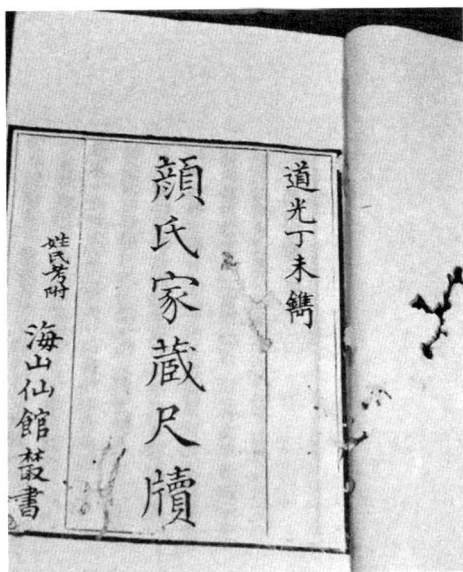

《颜氏家藏尺牍姓氏考附》2019 年购于孔夫子旧书网

百有余年泽未穷，寒潭秋月寸心同。

尼山想像人如玉，夜半相逢梦寐中。

门生们在老师身边各言心志的时候，颜回说："愿无伐善，无施劳。"其实是在表达"内圣外王"之意——无伐善，是读书人

"知不足"的内省；无施劳，是修己而后安人的治世理念，是无为而治的圣人气象。

宋代白云守端禅师有言：古人留下一言半句，没有看透它们的时候，撞着就像铁壁一样；一旦看透之后，才知道自己就是铁壁。今之人，多不知自己就是这块铁壁，各自的地位、经历、经验，甚至成就、名声，世俗的偏见、社会风气，物质至上时代的思维方式等都有可能成为重重铁壁，障碍自己的心性。

当代高僧宗萨仁波切说，当下更可悲的，是许多现代学者显现出一副真谛是他们发明出来的态度，这种行为必须停止。因为这种骄慢会产生更多的骄慢，而且制造出一大堆对智慧源头完全不尊敬也不感恩的人。有骄慢之处，就找不到谦逊；没有谦逊之处，就没有证悟的机会。人此生各负使命而来，所学所为并非自己有多少聪明才智，一旦"贪天功为己有"，终不免因骄慢的粗鄙而远离智慧。

那位把自己说得一无是处的鲁哀公与心目中的老师孔子对坐，总喜欢提一些似乎非常浅近却也十分本源的问题，比如：儒者是什么样的？庸人是什么样的？贤人呢？君子呢？……孔子答，所谓君子，做事肯亲身履践，忠诚守信，内心却并不自夸，可谓"心悬胸中之日月，以任世上之风波"；爱人尊贤，人不知而不愠；博闻强记，不自以为是；思虑洞彻明白，不好胜争辩；态度总是舒畅和缓，从容不迫，别人感觉貌似赶得上，却又发现始终无法企及他的高度。孔子在讲到君子之风的时候，内心当会浮现爱徒颜回的音容笑貌吧！

千秋存懿范

苏格拉底有句名言："世间一切美德，只可以一种货币来交换，这种货币，就是智慧。"

春秋时期，乱中藏势，动中藏机，彼时"天子失官，学在四夷"，文化向下沉淀。于是，落魄学者、隐士奴仆、贩夫走卒、医巫卜相，都可以绝处逢生，走上舞台，指点江山。一个动荡不安却也自由奔放的时代，给了那些有准备的人乘势而起、借势而上的绝佳时机。可以说，那是一个最坏的时代，也是一个最好的时代。

几百年过去，孟子与齐国学生公孙丑品评历史人物时说："虽有智慧，不如乘势；虽有镃基，不如待时。"你有智慧，不如赶上一个好时机；有农具，也要等最佳农时去播种耕作。

楚国下级官吏文种在民间寻访贤才，发现范蠡之后，二人一见如故，终日相谈甚欢，文范组合也日渐默契。二人各有千秋，一个"善图始"，一个"能虑终"。国防军事，用兵作战，文种不如范蠡；镇抚国家，亲附百姓，范蠡不如文种。文种出身贵族，注重谋略，是很好的创业者和管理者，他善于把握细节，着眼今天，注重程序纲纪，以正治国，奋进有为，仿佛儒家思想的践行者；范蠡则是一个很高超的策划者和经营者，他长于掌控战略，放眼未来，注重创新，超越成规，以奇用兵，退守无为，更似道家思想的代言人。

文种把二十几岁的范蠡推荐给勾践的父亲越王允常，允常爱才识人，一心要重用这个年轻的布衣智囊，引来一干旧臣的嫉妒和抗拒，范蠡于是离开都城（诸暨），游于楚越之间，到越国各地"田野调查"，进一步了解国情地理，体察民意，同时寻访高手，网罗人才，以待天时。整整五年，直至老越王临终召他回朝，范蠡要面对的是自己的同龄人，一个刚刚即位的酒肉之徒，难以独当一面的颓废"王二代"勾践。后来勾践卧薪尝胆的故事我们都知道了。也有我们不一定知道的，当年为挽救鲁国的危局，子贡受老师孔子之托赴各国周旋，越国是必经之地。据载，范蠡趁此机会与只身访越的子贡进行过彻夜长谈。

果然，小范蠡六岁的子贡一出手，便挑起齐与吴两国混战，十年之中，五国局势相继打破，晋国更强而越国称霸，乱齐，破吴，从而保全了孔子的父母之邦鲁国。此次成功的外交生涯，成为子贡后来长期担任鲁、卫二国相国的序曲，是孔门第一代弟子中名副其实的富贵达人。魏国"西河之学"时期，子贡的学生卜子方不仅教儒学六艺，还传授子贡的纵横术与经商方略。纵横术是外交手段，而经商筹策则是为官一方的富民之术。

清代有"陶朱事业，端木生涯"的对联。这八个字，是范蠡与子贡为政经商之道的恰当概括。对于后世子孙而言，两位商圣，一脉相承。其实，古人未必特别区分儒道，只看对"中道"的把握，对时与势的把握，包括勾践亡国为奴逆袭灭吴这件事，表象是卧薪尝胆的励志故事，其背后则是一代智者应时而动，伏隐千里运筹帷幄的势能使然。

勾践，"为人长颈鸟喙，可与共患难，不可与共乐"。范蠡看得清清楚楚，在决计离开前的最后一课，范蠡告诉这位风头正健的君主：大凡阴性的、负面的、带有消极色彩的事物，不必怕它产生，但必须控制在浅层，那么即使隐患苗头出现，也不会失控以致造成祸患；而凡阳性的、正面的、有积极势头的事物，并不必然会有好的结果，过度陷入其中等于提前透支了运势，最终必走向毁灭。日后越国百年历史，就是最好的实证。

自勾践的孙辈开始，至第三代时，越王被弑，数年内乱，人才匮乏，霸主地位日渐衰败。公元前306年，楚齐联合出兵。自夏朝至勾践时已存1600年，自勾践之后不足100年的越国，彻底覆亡。

结束这最后一课后，范蠡自名"鸱夷子皮"，一路聚财散财，活成了《史记》中的圣人陶朱公。"鸱夷"原意为牛皮所制的酒囊，言下似自贬为酒囊饭袋，其实暗藏可卷而怀之，可展而盛酒，能屈能伸，吞吐天地之玄机，道出他历经百劫万事，忘却生死利禄，勘

战国时期地图 选自《中国历史地图集》

破荣辱关隘的至高境界。今肥城范蠡祠内有石柱楹联"避君隐陶称朱公留芳百世，聚财万贯济黎民功盖千秋"。范蠡之心，深藏若虚，君子盛德，大智若愚。

范蠡的老师文子也是传说中的商业始祖，他本是晋国流亡公子，化名计然子，与孔子同时，是老子的弟子。有一说："老子、文子，似天地者也！"（东汉王充《论衡》）

司马迁《史记·货殖列传》把范蠡列在姜太公之后的首位，并说他会识鉴人，而且懂得时运，是参透了生命意义的"富而好行其德者"。有德之人，涵容一切，平易宽和，春风化雨，心与身透发祥瑞和美气息，如同四季的生长收藏，自然而然，令人欢喜而乐于主动接近，愿受其德"场"能量之助益和归化。他有《陶朱公商训》传世——"欲从商，先为人"——这位"行不言之教，处无为之事"的圣人，在涉事中，随遇而安，其心若镜，能达内不伤己外不伤人之境地。

范蠡的先祖被载入《左传》，范武子时就已有家训传世——"爱子，教之以义方，弗纳于邪。骄奢淫佚，所自邪也。四者之来，宠禄过也。"自古知爱子不知教，使至于危辱乱亡者，不可胜数。爱孩子，当教之使他真正成人。父母爱子却让他陷于危辱乱亡，怎么能说这是对孩子的爱？义方，可视作行事应该遵守的规范和道理。

父母长辈爱孩子的想法多数是认为孩子还小，不懂事，等长大了再教育也不迟。这就如同种下树，等到它长成几人合抱时再去修正，更像是把笼中鸟放出后再去捕，把马缰绳解开再去追！何如一开始就把握好尺度？

范氏第一代始祖范武子（范士会）兴盛于山西高平郡，得封"高平侯"，子孙以封邑范地为氏。世人评价士会，富才智，善谋略，务宽厚，"纳谏不忘其师，言身不失其友，事君不援而进，不阿而退"，是值得追随的贤人智者，晋景公时为晋六卿之首。之后贤臣范文子，其子范宣子，再传范献子、范昭子，世代为晋国六卿之一，左右晋国政局近一百五十年之久，先后辅佐十多位晋国国君。范武子教子以谦让，才有范文子循礼让功，并以此告诫儿子范宣子永远不要骄狂！

　　至四世范献子，范氏在晋国已如日中天，渐渐开始怠慢祖先范武子谦逊和戒慎的家风。第五代范昭子终为智、韩、赵、魏四卿所败，被赵简子驱逐，范氏至此退出晋国政坛，出奔齐国，亦有分支徙居南阳、顺阳。这支范氏人，兴起于秦汉之际，逐渐成为当时顺阳郡重要士族之一，在东晋南北朝时声名再度显赫。范蠡祖父是范献子的长子范昭子，父亲是范昭子的独子，他是范武子之后第七世，为河南顺阳一脉。

　　至晋国为韩、赵、魏三分后，范氏一支入魏，有魏相范痤，秦昭王时秦相范雎，即范式子后代。雎（jū）公，又名范且（jū），助秦成帝业。范蠡之后，由于世系不明，子孙又不闻达，致使秦汉间少有人见显于史。

　　至东汉，经学家范宁（河南顺阳）任余杭县令期间，兴办学校，培养生徒，洁己修礼，有志之士纷纷相从。唐代房玄龄盛赞，自汉室中兴以来，崇学敦教，无人能出其右。他晚年迁居丹阳，潜心研究经学，所撰《春秋穀梁传解集》，被收入《十三经注疏》中。

东汉范冉，陈留（今河南杞县东）一支，学通五经，尤深于《易》和《尚书》，其行迹见于《后汉书·独行传·范冉》："甑中生尘范史云，釜中生鱼范莱芜。"后以"鱼釜尘甑"谓贫穷而至于无粮可炊，谥号为"贞节先生"。

东汉另一名士范滂，为官清厉。当时冀州发生饥荒，盗贼四起。作为巡视官员，他执法严明公正，所到之处，贪官污吏无不自解印绶，闻风而逃。待党锢之祸初起，范滂与李膺同时被捕，被释还乡时，士大夫驱车数千辆迎迓。至党锢之祸再起，为不连累县令而主动投狱，与母诀别：今后弟弟替我孝敬您，存亡各得其所。惟请母亲大人忍难舍恩情，不添悲伤。其母深明大义：生死有命，你现在能够与李膺、杜密（郑玄的恩公）这些贤人齐名赴死，死有何憾？！滂跪受教，再拜而辞。就义时年仅三十三岁，留下成语"揽辔澄清"。

苏东坡母亲程夫人，曾把《后汉书·范滂传》读给东坡兄弟听，让儿子们早早明白何为堂堂正正大丈夫。清代龚自珍《己亥杂诗》中有句："少年揽辔澄清意，倦矣应怜缩手时。"即致敬范滂，表明自己涤新政治、澄清天下的志向。

到南北朝，刘宋范宁之孙范晔（河南顺阳），一生亨通显达，博学多才，极览群书，著正史《后汉书》，与《史记》《汉书》《三国志》合称"四史"，深具史学、思想和文学价值。

同时代南朝齐、梁之际的范缜，字子真，亦出身于顺阳范氏。他幼年丧父，待母至孝，弱冠前拜名师求学，成人后，博通经术，终官中书郎、国子博士。对"三礼"（《周礼》《仪礼》《礼记》）造诣颇深，著有《神灭论》传世，可谓古代思想史划时代之作。

唐代范履冰为范滂后裔，担任小官吏时因才学出众很快脱颖而出，成为武则天的"北门学士"之一，官拜宰相，不畏权势。因违逆武后为酷吏所杀。其后人纷纷南下，长子一支即为苏州范氏。李白诗《金陵歌·送别范宣》："送尔长江万里心，他年来访南山老"的友人，正是范履冰之孙范宣……

尽管这些范姓子孙天各一方，但考其源流，皆同出祖脉之一本也，即均系之于范县一源，以高平堂为同一堂号，同根同宗。

绵绵数百年，终引出有宋一代"无人能出其右者"的名臣——在诸多文章中，他常自称"高平范某"，亦是追慕郡望，追根溯源之意。他，就是范仲淹。

范蠡泛舟五湖一千五百余年后的北宋，范仲淹任职越州，第一时间便来拜谒范蠡旧宅翠峰院，并题诗："翠峰高于白云闲，我祖曾居水石间。千载家风应未坠，子孙还解爱青山。"

这位范氏后人范仲淹（989—1052年），字希文，在他创制的家谱里，即以唐代范履冰为谱系始祖。祖籍即范履冰的陕西邠县（现陕西省彬州市，旧称邠州、豳州。豳风，是《诗经》十五国风之一，共七篇，先秦时代豳地华夏族民歌。豳同邠，古都邑名，在今陕西旬邑、彬县一带，是周族部落的发祥地），后徙家江南，生长于苏州吴县。在宋代四大书院中，开办最早、持续时间最长的应天府书院，是他求学成才之地。在那里，二十三岁的他，以颜子之乐自勉，五年未曾解衣就枕，连真宗驾临亦不为所动，终成"泛通《六经》，尤长于《易》"的俊彦。

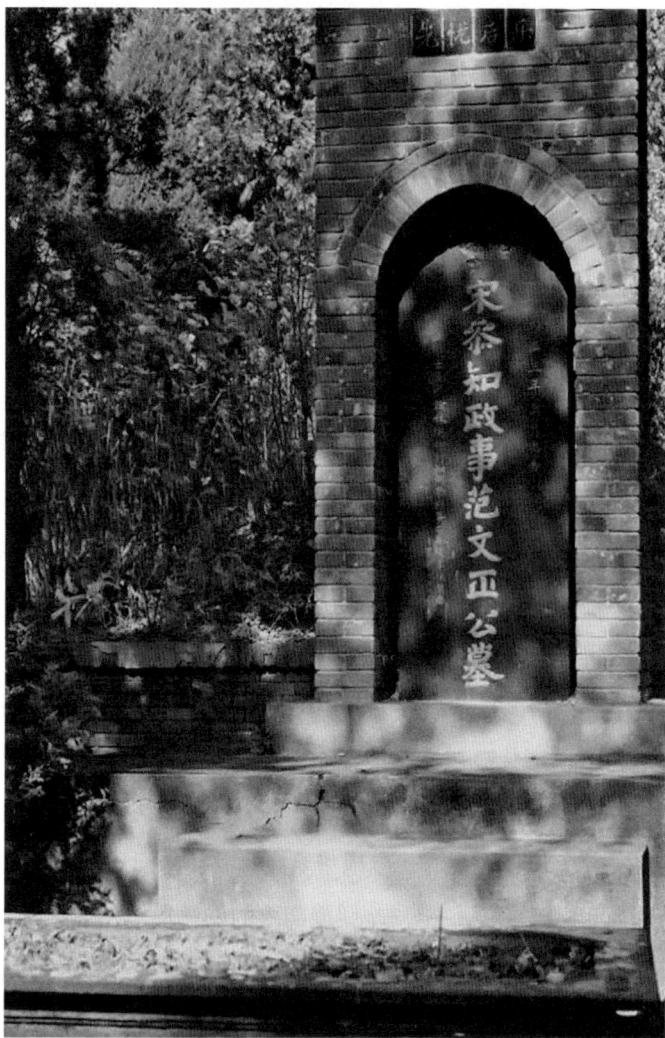

范仲淹墓 2018 年 12 月拍摄于洛阳

　　于应天书院学成后十二年，他因被贬，得以掌学书院。享有
"宋初三先生"美名的石介与孙复，皆就学于他门下。此后余生，

他每到一地便创建书院。庆历新政时，颁令兴学，制定"太学"模式，并革新科考。任职苏州时，捐出风水宝地建苏州书院，聘任"三先生"之一的胡瑗主持，长子范纯祐亦拜入门下，苏州学风由此盛行。新政失败遭贬邓州时，又创立花洲书院，次子纯仁与张载皆就学于此。

围绕范仲淹，上有恩师晏殊，旁有欧阳修等，下有门生富弼、后学苏轼。王安石称他为"一世之师，由初起终，名节无疵"。他是当之无愧的儒家崇文尚武的进取精神培养出的真君子。道德博洽，经天纬地谓之"文"，内外宾服谓之"正"，范仲淹死后谥号"文正"。

范仲淹雕像 作者拍摄于 2018 年 12 月洛阳游学时

当年孟子"母教一人"，范仲淹母亲谢氏、发妻李夫人，皆是这样的母教典范。李夫人是唐朝名将李靖的后代。北宋时，有"李氏之门多贤婿"之美谈。李家不计门第，慧眼识才，几个女婿后来尽为良臣。李家孙辈女婿还有曾巩、范纯祐（范仲淹长子）等。李夫人随范仲淹经历三次贬黜，育有五位子女，其后积劳成疾而逝。范好友梅尧臣曾写下"君子丧良偶""入室泪涟如"这样的凄婉悼诗。司马光曾言："妇者，家之所由盛衰也。"以是直言"妻贤夫祸少"，智慧的母教至关重要。

范仲淹的四个儿子纯祐、纯仁、纯礼、纯粹，分别官至宰相、公卿和侍郎等，且个个都能承父遗志，舍财济人。他的曾孙辈也都非常有气象。三子纯礼，字德曳，最得乃父遗风。他沉毅刚正，处事有大格局，对待边境事务处之以"静"，安定为上，深受边民爱戴，甚至塑像以供奉。族人续修家谱时，因这四个儿子和五服之内在朝居官的共十六人，遂分为十六房，各为房祖。

范氏宗祠有联：心存忠恕，胸具甲兵。上联典出自次子范纯仁，自布衣至宰相，自述平生所学，得之"忠恕"二字；下联典出范仲淹与韩琦任陕西经略副使之事，西夏人相诫曰："小范老子腹中自有兵甲。"言下尊呼仲淹为老子（老子指上公，对官吏的尊称。大范指北宋名臣范雍）。

明初洪武时，范仲淹十三世孙，耿直敢言的御史大夫范从文专掌监察执法，有进谏或弹劾官吏之权。时值朱元璋重刑反腐，形势之甚，导致最后不光贪官污吏被严惩，个别渎职失职的大臣也受牵连，动辄过当得咎。范从文认为不妥，在执行圣旨时有变通，却因此被弹劾，以"忤旨"之罪下狱论死。一生崇拜范仲淹的朱元璋，在亲自复审范从文一案时，发现此人行事作风与范公颇似，且发现范从文也是苏州人氏，细问之下，知确是范公后人，当即赦免，命左右取来帛五方，大书"先天下之忧而忧，后天下之乐而乐"赐之，还豁免他今后五次死罪。范仲淹遗德布泽之"馀庆"，真乃源远流长（清代来集之《倘湖樵书》）。

"太上，有立德，其次有立功，其次有立言，虽久不废，此之谓不朽。"（《左传·襄公二十四年》）此"三不朽"，为历代中国读书人所追求。范仲淹告诫子侄辈"平生之称，当见大节""取小名招大悔"。他身后无积蓄，子孙反得丰裕庇佑，他们继承先人兴办义庄、义田、义学之传统，受世人尊敬，子孙至今绵延不衰。范公亲拟《义庄规矩十三条》，条条暖心，入情入理。到清朝时，范家出了七十多位相当于部长级以上的官员，且为官一生，不堕家风。不仅如此，今天在苏州范坟一带的范家，时出优秀分子。范仲淹三十世孙范止安，抗战后定居香港，后创立"景范教育基金会"，资助48所希望小学。

范仲淹的后裔，一千余年来已发展成难以精确统计、散布全国和世界各地的庞大族群。其弥散分布的主要原因除战争避乱以外，往往是担任官职后全家迁往新地，落户生根。无论何时何地，对于这位杰出祖先的教训，后代子孙都是谨记恪守，不敢稍有逾越。台湾1970年出版的《范氏大族谱》，由范仲淹二十九世裔孙范朝灯先生以正楷恭书的《范文正公家训百字铭》开宗明义：

孝道当竭力，忠勇表丹诚。兄弟互相助，慈悲无过境。勤读圣贤书，尊师如重亲。礼义勿疏狂，逊让敦睦邻。敬长与怀幼，怜恤孤寡贫。谦恭尚廉洁，绝戒骄傲情。字纸莫乱废，须报五谷恩。做事循天理，博爱惜生灵。处世行八德，修身率祖神。儿孙坚心守，成家种义根。

范仲淹一生义行，践行了司马光家训"积金以遗子孙，子孙未必能守；积书以遗子孙，子孙未必能读"。无论子孙们能力是否强于我们，留大量金钱给他们，就等于剥夺了他们个体生命的生机，这是因愚爱而生远害。"不蓄积银钱，使子弟自觉一无可恃。"（曾国藩）林则徐所言更加贴切："子孙若如我，留钱做什么？贤而多财，则损其志。子孙不如我，留钱做什么？愚而多财，益增其过。"

司马温公以父母"爱之不以道，适所以害之也"的史实说明，"不如积阴德于冥冥之中，以为子孙长久之计"。真正的爱子之道，是"教之以义方"，这义方，以贯穿历史的家风家规家训代代相传。

玄润后学

郑玄（127—200年），年近七十仍笔耕不辍，大病一场，自感不久于人世，写给独子益恩的一封家书，史称《诫子益恩书》。他将自己一生的历程、志向、情感、遗憾与对后人的训诫都写在其中，并将家中未竟之事托付益恩。这篇家训，范晔完整收录于《后汉书·郑玄传》中："勖求君子之道，研钻勿替，敬慎威仪，以近有德，显誉成于僚友，德行立于己志。""食无求饱，居无求安，敏于事而慎于言。"心安俭朴，多亲近有道之人而修正自己言行，这才是"勖求好学"的君子之道。

秦火之后，六经残缺，汉儒纷出，争为注解，后人臆度穿凿之处甚多，甚至偏私虚妄，断章取义。唯有在文字、制度、音韵、名物上精益求精，才能"精义入神"，理会往圣先贤的"元意"。对后人而言，经典古奥难解，好像水道阻塞，须以外力灌注才能疏通，故，把对经文的解释叫作"注"。我们今天要感恩一个人，在儒家十三经中，他精注的有六部：以"三礼"为最精，并《诗经》《尚书》《论语》皆成为后世经典。他因此被称为汉代"经神"，"三礼"命名便始于他——郑玄。

郑玄，字康成，生于公元127年（东汉顺帝时），北海高密人（也是现代作家莫言故里）。后人考证，郑姓这一支乃以国为姓的"东郑"，战国时从荥阳派驻山东的郑氏宗亲，为山东最早之郑姓，奉孔子弟子郑国（本名郑邦，字子徒，非彼水工郑国，汉人避刘邦讳，称其为国，唐代追封为荥阳伯，宋代加封胸山侯）为一世祖，郑玄为第十五世。据同治年间修订的《郑氏族谱》，谚云"山东无二郑"，正是说郑氏居山东者皆郑玄一门，"吾族卜居土山，土山者，自郑公出居之第一村也"。

在这位神级大学问家心中，周礼是"周公致太平之迹"，是天子治国为政之轨辙，不是生于今世好行古之道的迂腐，不是单纯的学术喜好，而在于践行儒家思想，通经致用。从经典的传习上讲，小孩子如一张白纸，施教者要示之以本来面目，以正理正法去施教，不能打诳语，这既是一项教育原则，又包含对教师本人的高要求。在他眼里，"师，教人以道者之称也"（《周礼注疏》卷九），真正的师者，本身就是道器。关于独立思考，他对学生说，对天下事，要保持慎思与明辨，始能洞悉事理，轻易说信与不信都无益。

三礼，是中国古代典章制度、礼乐文化的集大成者，对后世政治制度、社会生活、文化传统、伦理观念影响深远。尽管后世往往认为，《礼记》对儒家文化传承，对国人文化教育和德行教养及和谐社会制度设计，其重要影响远胜于《周礼》《仪礼》，但在郑玄心中，最为重要的是《周礼》，他认为其治政理念是六官自上而下，各司其职，各守其分，使国家治理井然有序，是先圣的"元意"，也是他自己的政治理想。汉代以后，政府管理体制的建立背后都有《周礼》的作用，郑玄之注定功不可没。《礼记》原附于《仪礼》之后，就是儒家学者在学习《仪礼》过程中近十万字的读书笔记。郑玄做注的《礼记》四十九篇独立成书，《大学》《中庸》皆出于《礼记》。

而《仪礼》又称《礼经》《士礼》，公认为周公所定，孔子编订，详录贵族生活的各种重要礼仪，包含贵族教育中最重要的礼乐教育。奈何自唐宋以降，逐渐被束之高阁。到王安石变法，索性废止了汉唐注疏，《仪礼》完全弃用。《周礼》《礼记》也只用"新义"，"郑学"跌入谷底。彼时学者都不敢提郑康成、孔安国的名字，循守其法注疏者都被视作腐儒。直到南宋朱熹才重有反思，晚年朱熹倾全力于《仪礼》，将虚"理"落实于有规有矩的"礼"。在修礼订文过程中，他大为感叹郑玄注经的厥功至伟。

时至明代，学界更流行一股不善顽风，"束书不观，游谈无根"，以攻击驳斥古注疏为务。嘉靖年间，郑玄甚至被驱逐出孔庙配祀之位。清代古学复兴第一人顾炎武诗赞："大哉郑康成，探赜靡不举。六艺既该通，百家自兼取（该，探究之意）。"面对经学日渐荒疏，他忧心长叹："为问黄巾满天下，可能容得郑康成！"

清代之所以有"朴学""汉学"兴起，也是时代的召唤与回归。

郑玄是汉代学问第一人，后世汉学研究沿用西方治学思维，门类众多，内容庞杂，趋于碎片化，却仍无法绕过郑玄。台湾经学家王梦鸥就说："所谓汉学，大半就是郑玄下过功夫的学问。"

郑国四世孙郑吉，是汉宣帝时期的功臣，他是中国历史上镇守西域第一任最高长官。汉朝号令西域，丝路得以畅通，始于张骞而成于郑吉。宣帝下诏表彰其功勋，并封为"安远侯"，世袭爵位，惜至王莽时中断。（班固《汉书》）

八世孙郑崇，西汉哀帝时官至尚书仆射，握有实权。君臣和谐时期，自喻"臣心如水"的郑崇入朝常足登革履，汉哀帝笑言，一听皮鞋声即知是郑崇上殿（"我识郑尚书履声"），成语典故"尚书履声"由此而来，以称颂郑崇为官清正、敢于直谏。当时哀帝有"断袖之癖"，郑崇犯颜敢谏，哀帝盛怒，嫉贤妒能的上司趁机构陷郑崇，入狱不屈惨死。

王莽时期，郑国的十一世孙郑敬，其经历颇似陶渊明，初为小吏，洞悉官场世情，矢志归隐。他素有高士之名，任凭光武帝刘秀一再征召而拒不出山林，诗酒琴书自乐，一世逍遥。

其祖、父两代均未出仕。郑玄出生时，昔时王侯贵胄早已成耕读之家。他天资聪颖又性喜读书，八九岁已精通六甲六书与九数之学（文字学与数术），当时术业专攻的成年人亦望尘莫及。十二岁能诵读甚至讲授"五经"，无心俗务。十六岁就已通天文、占候、风角、隐术等五行占验之术，世人称奇，誉之神童。

汉代官员有数十人都是从"啬夫"起家做至卿相，最后位列三公的。十八岁的郑玄为家计，也是在县衙做"啬夫"，就是管乡里万户税收诉讼的小吏。当时任北海相的名士杜密，对郑玄有知遇之恩。他鼎力支持郑玄公余时间全心读书向学，三年后，郑玄已是满腹经纶。

汉代建立之初，因多年兵火浩劫，国家图书馆空空如也，惠帝（刘邦太子）向天下征集图书。彼时图书来源，一是师徒口耳相传，二是百姓藏于山岩屋墙内的旧存。但先秦典籍经汉隶传抄难免谬误，竹简绳烂散乱，漫失者无数，之后朝廷组织过一次大规模整理，但文本衍文、脱漏、讹传、错乱等问题仍未解决。自古至汉代，一本经有数家注，一家有数种说法，烦琐破碎，臆断教条，一经解做百余万言，令后学者顾此失彼，无所适从，经学几近生机涣散。郑玄效法先师孔子，以一己之力负薪传火，整理勘校。"经神"二字，是打破门户偏见，兼综百家，简约宏通的智者称谓。

郑玄一生与孔子有诸多相似之处。孔子十七岁被称夫子，他也是少年成名。孔子颠沛游历列国十四年，他也在"党锢之祸"中受拘十四年才获赦。孔子七十岁时，唯一的儿子孔鲤去世，留下襁褓中的孙子孔伋；郑玄年近古稀时，独子益恩死难，留下遗腹子

《周礼郑氏注》山东友谊书社 1992 年版

小同。孔子七十三岁临终之前，梦见自己在屋中的两根柱子之间以"殷人之礼"接受拜祭；郑玄七十三岁，梦见孔子。仿佛历史重演，公元前484年，季康子尊孔子为国老，迎六十八岁孔子回国。680年后，孔子的二十世孙孔融任北海相，派人迎古稀之年的郑玄重归故里。

孔子后裔孔融，小郑玄二十六岁，不仅有著名的"让梨"之德，家风之下，好学博闻，疾恶如仇，少年时就深得名士称许。董卓专权时远派他至北海国为相，上任伊始他就来到高密，特设"郑公乡"（"公"字，除却爵位之称，是对大德大贤者之尊称，汉景帝时"商山四皓"皆称"公"），重修郑氏旧宅，拓宅前大道，广开门衢，立"通德门"，效法管仲"士乡"传统，崇礼尊贤。日后，孔融深陷兵祸重围时，郑玄年仅二十七岁的独子郑益恩挺身相救，不惜以生命回报这份恩情。

是年，益恩遗腹子出生，取名"小同"，字子真，得郑玄熏陶调教，少年成名。年长后，颇有造诣，学综六经，行著乡里，后受关内侯爵位，为魏帝曹髦的老师。曹髦是曹丕庶出长孙，名如其人，髦乃髦彦，俊杰才士之意。他从小好学，才慧早成，颇有先祖风范，还写过不少著作，如《春秋左氏传音》（参见于《颜氏家训》卷七）。那句"司马昭之心，路人皆知"正出自他之口，可惜这份先见之明终致司马昭起杀心，师生二人竟相继遭司马昭及党羽毒手——小同逾花甲之年遭毒杀；曹髦年不足十九即被弑杀，但他殿前持剑抗争，誓死不屈，可匹配高贵乡公之封号。

郑玄平生有数次机会为官：曹操征召他做大司农，袁绍的叔叔袁隗（郑玄老师马融的女婿）举荐他，董卓拉拢天下名士，几度厚礼来聘，他都拒绝出仕。七十四岁病中，郑玄夜以继日，完成《周易》注释，并写下《康成自叙》尽述平生行迹，得以了却夙愿。

孙儿小同有二子，名慎修、自修。二人痛惜父亲以谏遇害，留下遗命，告诫后人永不晋朝为官。郑国后二十五世时，有二子名家训、家光；三十世又有子名学海、学成；三十六世更有子孙名曰复礼、守礼、约礼……顾名思义，代代相续传灯。"虽无高爵显仕，然代有达人"，今已传六十八世。

至于族谱的重要性，郑氏一位裔孙说得极是，如果没有家谱记载家族的脉络和思想，以后有何面目忆祖追思！在太平安稳的时代，家谱固然不会中断，但其实在患难之际更加珍贵。否则，一旦流离失所，将来子不知亲其父，弟不能爱其兄，九族之内如同异邦陌路甚至寇仇，不修族谱家谱的弊端真的太深了！

"不愆不忘，率由旧章"（《诗经》），作为家规门风的载体，家谱穷源溯流，远而弥清，对于后代子孙的心灵教化与滋养，作用无可替代。

东山高谢

两晋时，大小士族林立，权势名望最高者当属琅琊王氏和陈郡谢氏两家，后世将两者并称"王谢"，其中谢氏就是谢安所在的家族。后来史上名门望族，皆无可比及"江左风流"王谢两家。据说，当时皇室办婚礼，若没有王谢两家人出席，婚礼便是无效的。

金陵南门朱雀桥侧的乌衣巷，曾是王导、谢安等世家巨族聚居处。自称中山靖王刘胜后人的唐代诗豪刘禹锡诗云："朱雀桥边野草花，乌衣巷口夕阳斜。旧时王谢堂前燕，飞入寻常百姓家。"他与同时代的羊士谔，政见虽相左，却在江南旧游中得以相合，"山阴路上桂花初，王谢风流满晋书"，感叹王谢家族"曲水三春弄彩毫，樟亭八月又观涛"。两家子弟数代，文采风流，秀士迭出，芝兰宝树列于门庭。南梁书画家袁昂（字千里）将王羲之的字与谢家子弟并论，说"爽爽有一种风气"（《古今书评》）。

谢姓人及其家谱中，均称炎帝为太始祖，炎帝五十二世孙姜太公子牙，为周武王尊为尚父，子孙世袭齐侯爵位。六十三世孙姜诚公，号申伯，周宣王五年（前 823 年）因辅宣王中兴有功，被封于申国谢邑（今河南省南阳市宛城区谢营村），子孙以地为氏，改姜为谢，故申伯为谢氏一世祖，《竹书纪年》明确记载了申伯受封的时间。

中国人若寻根溯源逆数上去，竟有多少姓氏原本出自周朝姬姓，轩辕黄帝……何止五百年前是一家？

谢安祖父谢衡（240—300 年），字德平，号衡再，陈郡阳夏

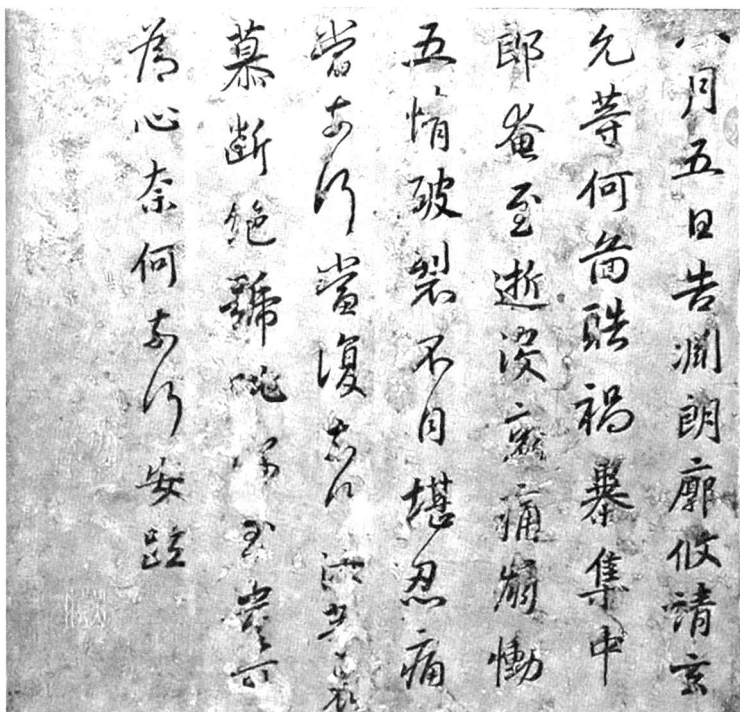

谢安《八月五日帖》 南宋人临摹录于《宝晋斋法帖》1961年中华书局出版

人。谢氏族谱载，"永嘉不靖，来寓于始宁"（唐代谢肇《谢氏宗支避地会稽序》）。"永嘉不靖"指永嘉五年"永嘉之乱"，始宁谢氏始祖谢衡，晋武帝咸宁四年（278年）时已至博士（《辟雍碑》），以精通儒学显名，为当时"硕儒"（即儒学宗师）。他曾担任晋时洛阳太学校长（国子祭酒）。国子学一般教师的要求都是德行清淳，学识通明，更遑论校长！当时的洛阳太学上继汉统，授孔孟之学，异于时下，尤不合于当时上层社会流行的玄学时尚，故尽管官阶不低，谢衡在官场仍令众人敬而远之。

谢衡生三子：谢鲲、谢裒、谢广（字幼临，晋武帝年间担任尚书）。谢鲲，自幼饱读儒家经典，务玄学，融会贯通，精进神速，时称"江左八达""中朝名士"，逸事颇多。谢安回忆这位伯父：如遇竹林七贤，必会手挽手步入竹林（把臂入林）。魏晋玄学即以《老》《庄》解《易》，谢氏内儒外"玄"的任达家风，可说自谢鲲始见端倪。

谢家真正发迹是从谢鲲胞弟谢裒开始的。谢裒共六子，谢奕、谢据、谢安（排行第三）、谢万、谢石、谢铁。

谢裒官居吏部尚书，其女儿谢真石，得以嫁与褚裒（字季野，303—349 年，东晋将领）。对于这位姐夫，谢安评价道，虽然口不擅言说，可其心堪比一年四季的大气象，道法生长收藏完整无缺。桓彝评价他心中有数，守口如瓶，"有皮里春秋"。褚裒女儿褚蒜子，一生经历司马氏短命六帝，不得已三次垂帘听政。公元344年，褚蒜子做太后，其后，谢尚升任豫州刺史，又升任都督。①

谢尚乃谢鲲之子，谢安从兄（堂兄），一代风流名士。他才艺过人，工于书法，精通音律舞蹈，史载他擅长一种当时流行的舞蹈，"正色洋洋，欲若飞翔"。他为官也颇有政绩，深受司徒王导爱重；虽身为文官，却长于射箭，又能带兵打仗，无子女而爱兵如子，深得敬服。据载，他官拜"镇西将军"之时，曾复兴朝廷礼乐（太乐），还时常抚琴作歌，为家族注入了儒雅清正的家风。因在豫州有德政，谢尚五十岁去世后，朝廷许谢安长兄谢奕全权接

---

① 裒 póu，意聚，用作人名时读 bāo，上古五帝第三帝帝喾之母曰握裒。东汉王裒，后为西晋学者，因父为司马昭所杀，隐居教书，不臣西晋。司马裒（300—317 年），字道成，晋元帝司马睿次子。元朝袁裒，字德平，安定书院山长。

班。一年后，谢奕不幸病故，其弟谢万又继任，豫州成了谢氏家族大本营，渐具鼎盛期雏形。不过，谢安这位四弟谢万，虚浮好名，因兵败被废为庶人，若非谢安出山，谢氏一族几近没落。

谢奕与桓温乃布衣之交，他为人倨傲随性。桓温无奈，笑言他是自己的"方外司马"。次兄谢据，早亡，子女由谢安抚养。五弟谢石，名将，淝水之战主帅。六弟谢铁，永嘉太守。

子侄辈谢玄，谢奕第七子，淝水之战和北伐的前线指挥者，北府兵创建者和统帅。谢朗，谢据之子。谢琰，谢安次子，淝水之战的前线将领，与二子俱战死，以忠勇垂名青史，谥忠肃公。谢韶，谢万之子。大名鼎鼎的"咏絮"才女谢道韫，是谢安长兄谢奕长女。谢道韫初嫁王凝之时所说的"群从兄弟复有封胡羯末"，均为几兄弟小名，其中羯指的就是车骑将军谢玄，也有称"谢遏"；胡是指谢朗，后来"封胡羯末"四字用以称美兄弟子侄德才优秀。

谢安之后，谢家虽再未出现能够像他这样建功立业，给予家族无上荣耀的大人物，但仍出了中国历史上几位重要诗人、文学家。其中以"大谢"谢灵运和"小谢"谢朓最为著名，这两人可谓是中国山水诗的奠基人和开创者，唐诗的辉煌与二人有莫大关系。

谢玄之孙谢灵运，生于公元 385 年，又是王羲之外孙，幼即聪颖，诗书"文章之美，江左莫逮"，是公认的山水诗鼻祖（与颜延之齐名，史称"颜谢"）。谢朓（宣城太守，为李白所景仰"临风怀谢公"），为谢灵运之侄，著名的"永明体"诗人，"竟陵八友"之一。其实，谢家子弟的文学成就不过是锦上添花，玄学功底才是真章。

真正让谢家比肩琅琊王氏家族的那个人，自然是谢安。淝水一战，不仅谢安个人的权势和声望登峰造极，战争中建功的弟弟谢石、侄子谢玄等族中人也得到了相应封赏。一门多功臣，谢家从此崛起，之后辉煌逾三百年。

谢安既有七贤的"林下之风"，亦有真儒士的铮铮傲骨。后人这样评价："不鸣万人待其鸣，一鸣万人共其震。"李白那句"谢公东山三十春，傲然携妓出风尘"，说的正是公元360年，结束"出则渔弋山水，入则言咏属文"隐逸生涯的谢安，于不惑之年，挥手作别高卧东山的飘逸，在万夫仰望中，乘势而起。

在此之前，家族中同辈兄弟多在外宦游，谢安隐居东山（今浙江上虞）教导子侄，渐形成聚族中晚辈讲论文义的传统。谢氏雅正相传的文士家风，借由谢安的个人魅力与行为举止熏沐整个家族。据记载，由谢安教导长大的后辈有男孩11人，女孩4人或更多。

一世风华的谢安，不仅成就了中国士大夫的个人功业，也完成了一个家族的终极理想。

"有家财万贯，不如《世说》一卷"的传世之书《世说新语》，共1130则故事中，直接记载谢安的达114则，几乎涵盖他一生的每个阶段，是《世说新语》中见载次数最多的一位，远远超过其他名士。

谢安结束东山高卧生活之前，与王羲之、许玄度、支道林、孙绰等同侪，终日纵情山水，啸吟林泉。有一回，大家相约乘舟去海上漂流。出海时，风平浪静，景色动人，众人谈笑风生，潇洒适意。渐行渐远，海上风云突变，风疾浪涌，小舟随风浪颠簸往复，其他名人雅士顿时惊慌失措，乱作一团，纷纷呼喊速返航。独谢安兴致正浓，劲头十足，面不改色，吟诗啸歌。船夫见他一派从容快活，不忍扫其雅兴，只好继续前行。风浪越发猛烈迅疾，诸生再度躁动不安，此刻谢安才缓缓说，既如此，不如就回去吧。满船人如蒙大赦，只求速归。事后，王羲之、孙恢等人都大为敬服，极力劝谢安出仕。他们笃定，面对沧海横流，大风大浪，一个人能保持如此定力气度，足以于暗流汹涌的政治博弈中运筹帷幄，镇安朝野。

庄子有九征之验，"杂之以处，而观其色；告之以危，而观其节"，后世李白、杜甫、辛弃疾、黄庭坚都曾写诗礼赞。李白诗云："安石（谢安字安石）泛溟渤，独啸长风还。逸韵动海上，高情出人间。"

谢安少时师从王羲之习行书。书圣本人自幼时师从卫夫人（一说卫夫人是其姨母），卫夫人引导他以大自然为师，"取万类之象"："横"如千里阵云，似隐隐实有形；"点"如高峰坠石，磕磕然实如崩；"竖"如万岁枯藤；"捺"如崩浪雷奔……谢安的行书自然也得趣于此，王羲之说谢安是难能可贵的"解书者"。后世评说他的行书，纵任自在，如龙盘虎踞之势。

东晋时，国家内部四分五裂，北方有五胡十六国，政局动荡。谢安为官执政时，竭力辅佐幼帝，一面着手缓和朝中矛盾，一面遏制桓温篡位图谋。

后人多给其以"中国历史上有雅量有胆识的大政治家"美誉，言他指挥淝水战事，为东晋赢得数十年和平安定。更有史颂"君子哉，斯人也！文靖始居尘外，高谢人间，啸咏山林，浮泛江海，当此之时，萧然有陵霞之致"；"其有兼将相于中外，系存亡于社稷，负扆①资之以端拱，凿井赖之以晏安者，其惟谢氏乎！"赞美

---

① 负扆（yǐ），古代天子接见诸侯，背对窗户南面而立，以示君位，比喻南面称帝或摄政。

说，谢安文武兼修，出将入相，使得黎民百姓得以少受涂炭。

文人名士们自追随司马氏避乱江左之后，经历了漫长的动荡漂泊，终渐安定。年轻一辈才俊日渐形成几股团体。孙绰、王羲之、支遁（支道林）和谢安经常聚而饮酒赋诗取乐。会稽山的兰亭就是一处他们美乐常游，兰亭雅集，留下千古诗文之佳地。谢安的诗句，传世甚少，《兰亭诗》倒有两首：

其一

伊昔先子，有怀春游。

契兹言执，寄傲林丘。

森森连岭，茫茫原畴。

回霄垂雾，凝泉散流。

其二

相与欣佳节，率尔同褰裳。

薄云罗阳景，微风翼轻航。

醇醑陶丹府，兀若游羲唐。

万殊混一理，安复觉彭殇。

《谢宗谱世系序》肺腑之言，不妨一听：

人生天地间，隐愿虽殊，而皆本乎祖之所出也。但世远

兰亭修禊图 明代文征明

人繁，其不至忘祖遗宗者几希矣！苟非仁孝诚敬之心，孰能追慕其先哉？此世系之所当作，谱牒之所当修也。

……

世之人，终身营匕不暇宁者，买良田架高堂，以为子孙计，而不知尊祖敬宗之为义。惜哉！今其贤裔千里者，乃为是图。俾后世观斯谱，知祖宗之令德嘉誉，则又与起其良心也，岂小补哉！

不错！世间之人，几番荣枯代谢，忙于营求利禄，以此为子孙打算，几人能尊祖敬宗，不忘祖先宗风？无仁孝诚敬之心，到哪里能追踪到其祖先痕迹？实在令人痛心！为此，后裔贤者编修家谱，既能够回顾祖先懿德美誉，又可良心发现，返观自省，这项努力诚不可小觑。

谢安对于子侄辈的教育培养，是千古佳话。谢家的男孩不愁做官，女孩不愁嫁入高门，但依然如此重视教育。谢安亲自教导，栽培出的子侄辈谢玄、谢朗、谢道韫等孩子，个个如庭前芝兰玉树，朗耀千载。作为父辈，他在身不由己的国事与父辈天然角色的家事之间是如何把握尺度，不偏不废的呢？

无论当时还是后世，人们总乐于笑谈谢安"高卧东山"不出仕的美感，其实以家世背景而言，他完全不至于非要为稻粱谋，况且还要忍受朝廷贪腐成风，官场同流合污等状。

隐居东山十数年中，谢家也经历了数度变故——兄长谢尚、谢奕先后病故，弟谢万兵败被罢官贬为庶人，家族一时岌岌可危。谢安夫人是清谈名士刘惔的妹妹（丹阳尹刘惔，永和名士风流之宗），旁敲侧击戏言："大丈夫是不是不该这样逃避现实？"他只好作答，将来怕真免不了出山这一步。

这一点，有"穆然清恬，泰然自若"之风的司马昱（简文帝）看得很准，他曾对人说，谢安一定会出山，因为他"既然能与人同乐，就必会与人同忧"！其时，大司马桓温权倾天下，把控皇帝废立，朝纲混乱，谢安出山实在是众望所归。及谢安入桓温帐下任司马，桓温大喜过望，"吾门中久不见如此人"！桓温对他堂兄谢尚甚为忌惮，但与他兄长谢奕交好。又深知他四弟谢万倨傲放任，不善带兵，刻意令其北伐，终兵败得咎被黜。

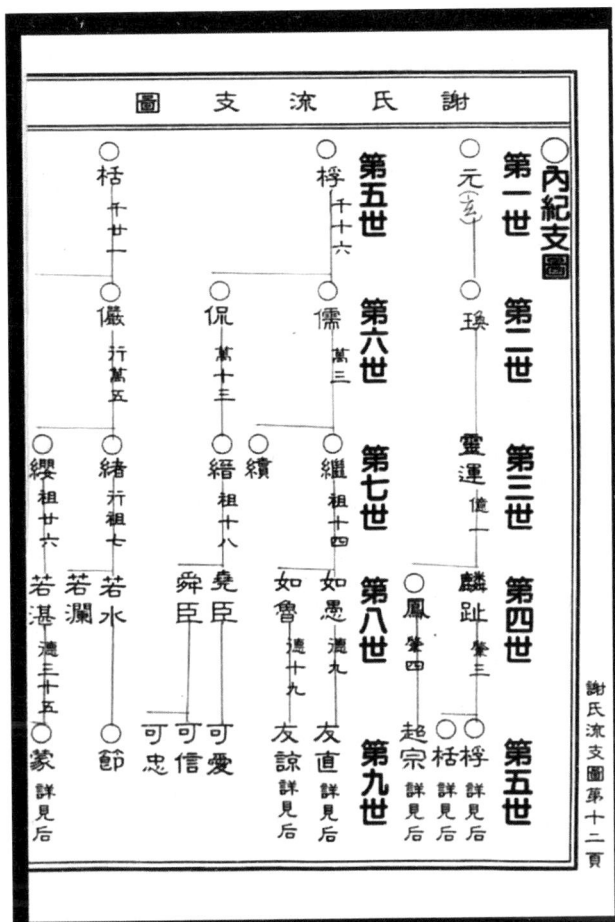

谢氏流支图 孔夫子旧书网影印版

桓温曾拿一种草药"远志"言事，问谢安："为何远志又有别名小草？"言下之意，既然自命小草，哪里还能"远志"？以"一物有二称"来试探谢安是否有出山心志，时刻盼望谢安能为他效力。在桓府不足两年，谢安便以奔丧为由告辞，之后任吴兴太守。

桓温亦绝非俗辈，从一事可见。简文帝司马昱驾崩，立诏桓温辅佐幼主，桓温以为是王坦之与谢安要合力废黜他，便带兵进京，伏兵新亭，宴请文武百官，大摆鸿门宴。危急关头，谢安见王坦之惊恐万状，汗流沾衣，便从容拾级而上，快步登高，效洛阳书生之音，吟诵嵇康四言名诗："浩浩洪流，带我邦畿。萋萋绿林，奋荣扬晖。鱼龙漻淰（chán zhuó），山鸟群飞。驾言出游，日夕忘归。思我良朋，如渴如饥。愿言不获，怆矣其悲！"一时间，桓温慑服于他高迈旷达之正气，即命左右撤兵。此刻，谢安早将生死置之度外，但若非桓温惺惺相惜，尽可痛下杀手，再取司马氏帝位而代之。由是观之，桓温颇似曹孟德，实乃性情中人，一代枭雄。

谢安七八岁时，长兄谢奕时任剡县令，遇一老翁犯法，判以罚酒代刑，老翁被灌酩酊大醉，谢奕仍不罢休。跟在哥哥身边的小谢安正色劝阻，其兄只好下令释放老翁。这种被后人赞美的秉性仁厚，出自他一颗少年赤子之心。日后对晚辈耳提面命，身体力行，施教以慈悲，助他们日后颖悟。谢安与孩子们相处欢洽，每与友人携酒出游，踏月而归，孩子们都一路远奔来迎。

谢安出山后，忙于公务，夫人常担忧他忽略晚辈们的教育。平素见夫人管教孩子们，谢安于一旁默不做声。夫人嗔怪说，怎么从不见你教育孩子呢？谢安回答，其实每天在家中，无论是接待同僚，会见朋友，公务私事，还是举手投足，坐卧行走，言谈举止不经意之间的细节，不是处处都在教育他们吗？我以身作则，而绝非囿于言教啊！岂不闻老子曰："圣人处无为之事，行不言之教。"孔子亦有："天何言哉！"我姐夫褚裒虽话很少，而周身四时之气度皆备，须知父辈教育子女，贵在言语简默，一语中的，身教为上善啊！

有次家中后院小聚，与晚辈讨论《诗经》时，兴致正浓的谢安让孩子们分享各自体悟，说说《诗经》中哪句最佳。侄子谢玄立刻回答说，喜欢"昔我往矣，杨柳依依；今我来思，雨雪霏霏"。此时谢安却缓缓说，在我看来，是"讦谟定命，远猷辰告"这句最佳。此句意为，以远大谋略来制定国家政令。尽管谢玄喜爱的那几句诗素来被历代文人视为《诗经》压卷，文学意境甚美，但谢安知魏晋时人通病，沉醉风花雪月而无心家国天下，盛行"清谈"之风。士族名流相遇，不谈国事，不言民生，有谁谈及如何治理国家，如何强兵裕民，何人政绩显著等，皆被贬讥为专谈俗事，极尽讽刺嘲弄。谢安所属意"讦谟定命，远猷辰告"，饱含政治家应有的雄心壮志，暗示晚辈不仅要有文学鉴赏力，更重要的是从诗句中汲取行动力量，立为天下计、为苍生计、为国运计的大情怀、大志向、大境界。少年可期先立志，岂可仅停留在"杨柳依依"？应有忧国忧民的"远猷辰告"。

子侄聚会，平素问道论学，相互砥砺，侄儿谢玄尝在众人面前褒贬"竹林七贤"。谢安不说教呵斥，只说前辈们从不品评非议竹林七贤，貌似轻描淡写，聪颖如谢玄，岂能不懂思考今后立身处世之道？谢玄一度虚荣心盛，受时下风气影响，喜欢腰间挂一香囊，不伦不类。谢安当然明白若强取，必然会损伤孩子自尊心，只能迂回柔和地开导，才能让他心甘情愿摘掉香囊。看到谢玄正在把玩香囊，他走过去，把香囊掂在手上说：挺好一玩意儿，咱爷俩打个赌，谁赢了，香囊就归谁。结果自然是谢安赢了，公平得到香囊，就当着谢玄的面，烧掉香囊并淡淡丢给他一句：这是女孩儿家的饰物，男子汉戴在身上显得太浮夸矫饰。玄遂知谢安用心，自此弃绝这脂粉气十足的时髦爱好。

二哥谢据之子谢朗少不更事，喜欢人云亦云。他听来个笑话，说有人发现房顶有老鼠，就到梁上点火，结果烧了自家屋顶。谢朗觉得这人傻而可笑，逢人就讲，越来越夸张。每次讲完，见众人笑得前仰后合，谢朗就越发得意，全然不知这故事的当事人竟是父亲谢据。知情人亦都不敢说，毕竟他年幼丧父。终于有一次趁谢朗说故事，谢安不失时机地把他拉到身边，抚摸着他的头发说：知道吗？人们常拿这个笑话来嘲笑你父亲，还说这事是我和你父亲一起做的呢。谢朗登时脸红，跪下磕头，满心愧疚羞惭。谢安一边扶他起身，一边继续说：不管是自己人还是别人，嘲笑别人的缺点都有失敦厚。谢朗知错，闭门思过数日不出。

五弟谢万倨傲又非将才，加之不当其位，至豫州兵败，城破后单骑溃逃，被贬为庶人，在朝廷复用前病逝。身后仍留下十六卷文集，《易经系辞》注解二卷、《集解孝经》一卷。兄弟五人情义深笃，谢安生性喜音乐，但自谢万逝去，整整十年他不再听闻音乐娱乐。这样重骨肉情义，也是对后辈的身教。

青年时代，谢安也曾有过清谈之好，为清谈大家王濛赞"噂噂逼人"，后生可畏之意。兰亭雅集，他与众人大谈《庄子·渔父》，洋洋万言，四座皆惊。他曾与王羲之讲过自己对"清谈误国"之说的看法——秦朝仅两代即告亡，难道也是"虚谈浮文"之过吗？学术风气是何时成为治国失败的代罪羔羊的呢？尽管这些清谈，并非我谢氏雅正家风所尚，但其思辨价值与精神风骨颇值推崇。

自幼受家风熏陶，谢安四岁就被赞以"风神秀彻"。后来，每每跟子侄辈相处，眼见一群少年大好青春，一如自己少时，他不由得心生感慨，欲启发他们思考，便问：你们说说看，一个家族，孩子们都还少不更事，未来也不知会怎样，父母为何总是巴望他们出类拔萃呢？这问题并不太容易回答，只有侄儿谢玄对曰：我想，这正好比书中所说的芝兰玉树，世人都希望它们能生长于自家阶下庭前吧。此言一出，四座顿觉满庭芳华。

由于自小长期熏习，孩子们渐有独立见解和思想，人格也趋于完整，可谓气象饱满。又一次因某事，谢安随口夸四弟谢万"独有千载"，侄儿谢玄当即说：身为中郎（谢万当时官职），没有虚心以待的襟怀，又哪里称得上独有？正所谓"见与师齐，减师半德"，谢玄此言可谓"当仁不让其师"。

兄长谢奕英年早逝，留下谢道韫这位"咏絮之才"的奇女子颇具巾帼风范，时人盛赞她有"林下风气"，但凡见弟弟怠惰，总是追问"是尘务经心，还是天分有限"？侄儿谢玄对这位姐姐极其推崇敬重，这正是少年时代家族教育的善果。就连"初唐四杰"之一的王勃也不无憾恨，叹惜自己"非谢家之宝树，接孟氏之芳邻"！

所有这些，都最终指向那场大军压境之际"围棋赌墅"的黑白较量，史上八万胜八十万的传奇一役——那场令东晋数十年兵戈不起的战争。当时谢安正都督五州军事，侄儿谢玄镇守广陵，爷俩遥相呼应。至季冬十二月，侄儿谢玄与弟弟谢石、次子谢琰在前线告捷，大破前秦大军，留下成语"草木皆兵""风声鹤唳"，至今为人乐道。淝水之战，使华夏文化主干在摆脱五胡乱华困扰后，在江南的经济复苏中，得以恢复与复兴。

功成之后，谢氏宗族似乎陷入众矢之的，一时流言四起。家风家训在那样的世道里，如何继续起作用？

"上善若水，水善利万物而不争。"家风家训就如这样的水，又如无孔不入的草上德风，朝代更迭，强权荼毒，亦不改其遗俗迁善之功。

谢安素来崇尚"独行己志之美"，但有几件事在朝中君子看来，未免允当不足。一是他登三公宰辅之位后，祖父母去世，服丧期间家族未废音乐；二是在京城郊外修建别墅，常聚家人饮食宴乐，当时与谢家不睦的韩康伯拄杖散步，见此景便讥讽道，这阵势与王莽差不多了！友人王坦之也曾几度直言相劝。

谢安内心虽坦荡，但在世风不淳厚时不顾礼仪，在百姓多耕战时，不戒浮华奢靡，我行我素，无论怎样都有失清正中和，尽管内心追求庄子逍遥，但位高权重如他，在下遭人嫉恨，在上必有猜忌，君子议论纷纷，小人众口铄金。

当初，桓温之弟桓冲听左右说"群谢年少，大破贼"的消息，竟又悔又愧发病而死，可叹一代名将心量太小！他也曾说"谢安乃有庙堂之量"。在淝水之战中同立战功而封侯的桓伊，与谢安有似知音。他文武兼备，是江左第一音乐家，一曲《梅花三弄》绕梁千年。淝水之战后，谢氏声名日隆，朝中小人流言并起。桓伊正直，深鸣不平，趁孝武帝宴请群臣请他奏曲，他即和笛抚筝，清歌叹曰：

> 为君既不易，为臣良独难。
> 忠信事不显，事有见疑患。
> 周王佐文武，金縢功不刊。

推心辅王政，二叔反流言。

此诗原本是曹植的《怨诗》，借以讽谏君王轻信谗言，猜忌谢安一番良苦用心。其慷慨之气节，令他不禁泣下沾襟！谢安越席走到弦歌的桓伊身边，捋须赞叹其不凡气度。在座一干佞臣，个个露出愧色。曲终人散，谢安叔侄相继告退请辞。两年后，一代传奇谢安魂归东山，时年六十六岁。

二百年后，隋唐大儒文中子王通有这样一段话："忠臣不表其功，窃功者必奸也；君子堪隐人恶，谤贤人者固小人矣。"谢安若泉下有知，定会感慨一句，于我心有戚戚焉。

自此，朝野两度变乱，谢氏一门子弟两辈八人身死，门庭风雨飘摇。余者拭干眼泪，变换心态，内敛谦退。孙儿谢混深居简出，承继谢氏家风所立子侄聚会讲学论义的传统，立规矩，重约束，静待谢灵运（谢玄之孙）、谢曜等后人于家门巨变中重振家风。谢混还作《诫族子》分析五位子侄长短优缺，并劝勉他们："微子基微尚，无倦由慕蔺。勿轻一篑少，进往必千仞。数子勉之哉，风流由尔振。如不犯所知，此外无所慎。"其中提到的"微子"，是谢万的曾孙谢弘微，那时已经是南朝宋的官员，他最终接续谢安父亲谢衡的儒士风范，简约不疏失，淡泊不放纵，与宋文帝过从甚密，却依然依循礼度，谨言慎行，善始善终，无愧名臣美名；在持家上，他不贪钱财，行事豁达，人格堪称完美，令谢氏一门得以逐渐重兴。

"孰能浊以静之徐清，孰能安以动之徐生？"一百年之后，谢灵运之孙谢超宗又得"凤毛麟角"之誉。谢朓（谢述之孙）诗，

吴湖帆"谢朓青山李白楼"

被赞"二百年来无此诗",令诗仙李太白秋日登楼,临风怀古,引陆龟蒙故地忆游,慨然兴叹……

历史不会因为一个家族的兴衰而停止向前,乌衣巷口,山泽之游,天地改容。不变的是家风如镜,如一国之史鉴,它有传承有遗失,但内在的精蕴不灭。这清虚淡泊,合道逍遥,又不失雅正的儒士宗风,一代代子弟坚守不绝。

文在中也

前文屡提及隋代王通，其人其事今已鲜为人知。

其实，国人熟悉的蒙学读物《三字经》中有句："五子者，有荀扬，文中子，及老庄。"荀是荀子，扬是汉代扬雄，老庄自然是老子和庄子，文中子正是王通。

王通（584—617 年），字仲淹，不知后来范仲淹父母是否致敬文中子王仲淹先生而为子取名。且看淹字，本义是水名，也指物被水浸没。引申其义，一曰广博深入，如淹通（通达），指虑周而藻密（《文心雕龙》）；淹究经术（欧阳修《新唐书》）；淹贯精微（渊博贯通，精深微妙）；淹泓（渊深广大）；淹明（渊博通达）。二曰满，淹月（满月），淹心（心满意足）。文中子先生显然是取淹通之意，名与字同义深化，又于家中排行第二，故为仲淹。

三槐王氏（王氏最大的一支）族谱中，写着周灵王太子"晋"至南渡始祖"皋公"的五十五代世系。按世系排列，文中子王通列为第四十二代，被尊为第四十二世祖。由王通至三槐堂王氏始祖王祜（北宋初年）共九代。王通于其中占有异常显赫的地位。

该谱的诰敕开篇，便是明嘉靖九年（1530 年）皇帝"隋儒王通配祀孔子庙庭"的敕命。在始祖像赞部分，一世祖为周灵王太子晋的画像，二世祖为周司徒宗敬的画像……四十二世祖，便是文中子王通的画像，并有薛收、魏徵、房玄龄所撰像赞。卷首部分，还载有 1600 余字杜淹所撰《文中子世家》，以及长达 1000 余字的《文中子本传》。

王通故里，在河东龙门（今山西河津市万荣县通化镇通化村）。汾河南岸河津的疏属山顶，常能看到一位青年立高岗四望。汾川绿野有烟村雾树，雨过天晴时光影斑斓，"暎日岚光，袭人衣袖"，此即河津八景之一"疏属晴岚"。文中子王通即在此处著述设教，于汾亭游坐鼓琴，常弹自作名曲《汾亭操》，时而有乘扁舟垂钓者经过赞叹："美哉琴意！伤而和，怨而静，在山泽而有廊庙之志，既有太公望独钓渭水磻溪之心迹，更有孔子临泗水之滨抒君子见大水必观之胸臆！"（《中说·礼乐篇》）

　　明代河津才子高汝砺作八景诗之一《疏属晴岚》怀念王通：

　　汾水南连疏属间，文中遗迹至今传。

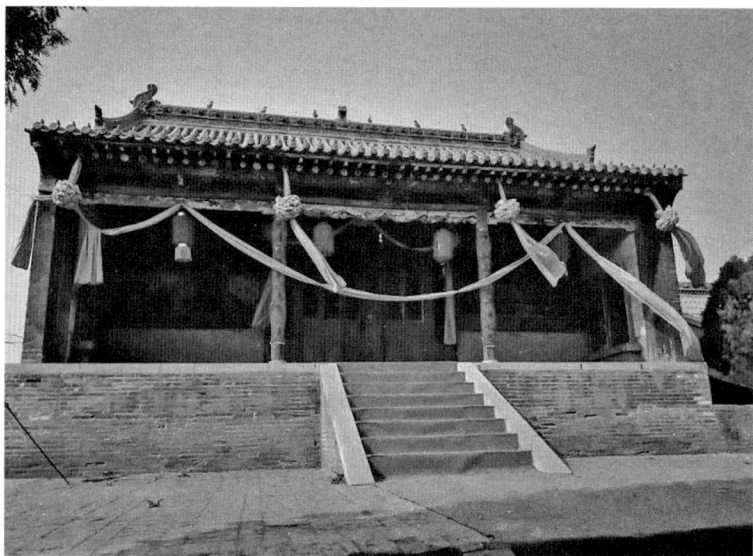

2019 年 8 月 任永信先生拍摄于文中子故里

江湖廊庙琴中合，紫电青霜席上联。

历世家风能接踵，一门国器喜齐肩。

高山仰止情何极，望里清光射翠烟。

　　去此地不远的东辛封村，毗邻当年"西河之学"故地，有孔门一代宗师子夏祠墓，墓前砖牌楼对联曰："二千年教泽长流，莽莽神州，道统固应在东鲁；七十二门墙并列，彬彬文学，师承今当说西河。"子夏的传说，丰富深远，形成了这一带独特的民间信仰。明代时，为宣美西河遗风，河津县城曾建"三贤祠"，敬祀子夏、司马迁、王通，三哲跨越千年时空的相遇，殊为可观。

　　民间对文中子的记载与美誉已远超官方，不由得让人浮想联翩，其故里"通化"二字，就极有纪念意味，何况更有"河汾道统"之赞誉！

　　王通殁于公元 618 年，寿仅 35 岁（应生于 583—584 年）。那一年李渊已起兵，隋炀帝杨广被杀。"文中子"谥号非官方赐予，乃是其弟子私谥，取自《易经》"黄裳元吉，文在中也"。（杜淹《文中子世家》）

　　王通出身于官宦世家，其父王隆，隋开皇初年为国子博士，向隋文帝奏《兴衰要论》七篇，"言六代之得失"，颇得隋文帝称道。王氏家传儒学，渊源深厚，王通自幼受儒学熏染。与郑玄凤慧相似，他十五岁时便开始讲学，年十八有"四方之志，游历访学，读书精研，前前后后六年不解衣""其精志如此"，学问因此大进。（《中说·立命篇》）

隋文帝仁寿三年（603 年），二十岁的王通西游长安，献《太平十二策》。隋文帝杨坚虽深表赞赏，但囿于众公卿妒忌，终不采纳。王通于是回到故里，隐居白牛溪，专心著述讲学。此后，尽管隋政府乃至起兵反隋的杨玄感屡屡征召，审时度势的王通都拒绝出山，一如三国时的水镜先生。

他有个在中国家喻户晓的孙儿，"初唐四杰"之冠王勃；他的胞弟王绩是唐代著名隐士、诗人，被后世公认为五律的奠基人，开唐诗之宗风，在中国诗歌史上具有重要地位。儿子王福畤（zhì）（王通第三子。福畤育七子，王勃行三）亦非俗辈，清代《名宦》载："为交趾令，大兴文教，士民德之，至今祀之，号王夫子祠。"可见高品。

史载王通五世孙王质，客居他乡，躬耕以养母，专以讲学为事，门人受业者"大集其门"。有族人力劝，"扬名显亲非耕稼可致"，以您的才华，"取名位如俯拾地芥"。他便告别母亲，参加科举。此后一路青云直上，六十八岁在御史中丞任上无疾而终。刘禹锡为王质撰有墓志铭《宣州观察王赞神道碑》，盛称文中子王通，能治明王道，以大中立言。游其门者，皆天下豪杰。

文中子之十世孙王旦，北宋真宗时为相，得封太师尚书令、魏国公，谥文正。

当我们讨论门风家传，讨论家训，我们很容易发现，这种一脉相承的优秀，其生命力犹如一粒种子。我们也终于明白，何为根深叶茂，何为"怀山之水，必有其源"。

对于整个盛唐的格局，文中子的影响力，无论当时的谋士还是将军，都无法与之比肩。据载，其弟子门人有房玄龄、杜如晦、杜淹、陈叔达、窦威、贾琼，亦有魏徵、李靖、温大雅、温彦博等，"咸称师，北面受王佐之道焉"。往来受业者，盖千余人，或"通学"或"兼学"，《六经》分门授受，学人迭为将相。

2019 年 8 月 任永信先生拍摄于文中子故里

王通有四大弟子，董常、仇璋、薛收、程元，此四人得以备闻六经之义，约可对应于孔子门下的颜回、曾子、子路、子贡诸公。遗憾的是，这四人相继早逝，从下文他与学生的问答中，我们可发现，他对颜回的理解与推重。

　　王通弟子问：您说"颜子没而圣学亡"，请问这话有没有什么可质疑之处？先生答曰：见圣道之全体者唯有颜子。他说："夫子循循然善诱人。博我以文，约我以礼。"颜回是见破后如此说。博文约礼，如何做到循循善诱，学者须思之。道之全体，圣人也难以尽数传达给人，须是学者自修自悟。颜子"虽欲从之，末由也已"，即是以文王望道未见来表达自己之意。望道未见，乃是真见。颜子去世后，圣学之正派，遂不能得以完整传承矣！

温彦博碑文，岑文本撰，欧阳询书写，作者 2018 年拍摄于唐昭陵博物馆

这样一个人，可谓与颜回神交已久！他曾坦荡荡地对得意门生董常说："乐天知命，吾何忧？穷理尽性，吾何疑？"

时人称他"王孔子"，今人多将他与鬼谷子同论。鬼谷先生据传也姓王，名诩，又名王禅，道教称鬼谷子为"古之真仙"，"王禅老祖"，曾在人间度百余岁乃去，不知去向。《鬼谷子》一书完整保存在《道藏》中。高寿的鬼谷子，兀自在传说中神秘幽隐，其门人数百，皆是战国时期纵横捭阖的精英，结局却每不善。一般后世看来，鬼谷子的学说重术而轻道，重进取而轻"知止"。其弟子一心追求实现个人抱负，甚至枉顾历史大局与道义担当，对同门亦不忌诡道；而文中子的学说更强调"弗争""知止"，其弟子对进退的把握深藏儒道智慧，更胜一筹。鬼谷子和文中子之间，差一个"止"字，差一本《止学》，差一个"正"字，也差了一本正史。

2019 年 8 月　任永信先生拍摄于文中子故里

鬼谷子的名气之所以远大过文中子，史圣司马迁的《史记》起到决定性作用，甚至《太史公自序》的"圣人不朽，时变自守"，亦是引自《鬼谷子》。而作为隋唐著名的大儒和隐士，王通居然未在《隋书》《北史》等正史中占一席之地，其著作也几尽散佚，这种近乎"抹杀"的忽略，显然是唐代官方刻意为之的结果。只在《旧唐书》《新唐书》的王绩、王勃、王质这些子孙传记中，尚有王通行踪零星留存，无怪乎后世动辄有学者满腹狐疑地说，史无王通其人，《中说》是伪书云云。

历九年时间，王通著成《续六经》（亦称《王氏六经》），包括《续诗》《续书》《礼论》《乐经》《易赞》《元经》等，共80卷。但留传不久就人间蒸发了，现在能看到的，除《止学》外，大约只有由弟子薛收、姚义等结集的一本《文中子中说》。正如《论语》，此书保存了他的主要讲课内容，以及与众弟子、友人、时下达人的对话，分王道篇、天地篇、事君篇、周公篇、问易篇、礼乐篇、述史篇、魏相篇、立命篇和关朗篇10部分，是后人研究其思想以及隋唐之际思想史的主要依据和参考文献。

直到明朝嘉靖年间，王通在儒学中的地位才被官方正式确定，排在董仲舒、后苍、杜子春之后从祀孔庙。

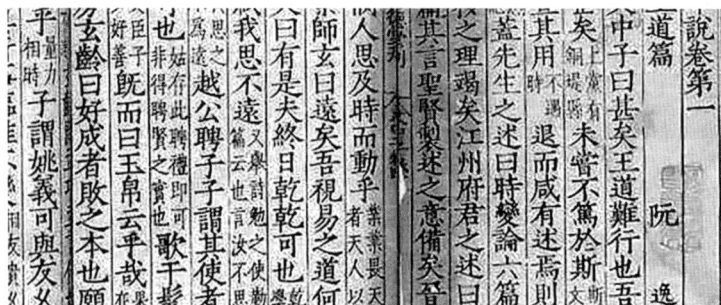

《文中子中说》古本

按说，王通在隋唐有如此强大的弟子门人群体，却为何在《隋书·儒林传》这样的正史中全无传记，只在其家族兄弟子孙传记中略带几笔？

八十五卷《隋书》，魏徵任总编，记录隋文帝开皇元年至隋恭帝（杨广之孙）义宁二年（581—618年）之间38年历史，与王通生平同步。其内五十卷列传，出自唐初两位著名经学家，颜师古（颜之推之孙）和孔颖达（孔子第三十一世孙）。他们三人年纪相仿，而王通不足二十岁时向隋文帝进《太平策》，与他们出仕时间正相近。唐朝初年，为稳固文化根基，安定民心，尊孔颜，尚经学，颜师古和孔颖达拥有较高地位。二位奉命重校五经，《五经定本》成为各级官学标准教材，这是历史必然。

事实上，彼时被送进孔子庙堂配享祭祀的21位大儒中，连先圣周公都被撤出，孟子、荀子、董仲舒、扬雄等人也未能躬逢其盛，诸子之学皆不见重，非独王通一人被忽略。能与以上诸子为伍，这何尝不是一种荣耀！

年十五即为人师，风华正茂如他，在白牛溪隐居讲学时，"门人环堂成列，争相受课"，遍布中原一带，最盛时逾千人。当地人称"王孔子"时，他并未过于谦让。连那条白牛溪，也被人称为"王孔子溪"。王通曾每临溪而歌：

我思国家兮，远游京畿。

忽逢帝王兮，降礼布衣。

遂怀古人之心兮，将兴太平之基。

时异事变兮，志乖愿违。

吁嗟！道之不行兮，垂翅东归。

皇之不断兮，劳身西飞。

以寻常腐儒观之，这种哀叹以及他呕心沥血九年著成的《续六经》，在当时乃至后世眼里，都不啻为一种胆大妄为的僭越，甚至被贬斥为"妄人"。学术思想上与他意见相左者甚众，以致后来修唐史的时候舍弃不录，实属意料之中。

王通从来强调，执政者自身的道德修养更重要，行王道首要"正主庇民"，"从谏而已"，而注重道德修养是"正主"之首要功课。

温公司马光对他敬服有加，特补写了传记，说王通自幼明悟好学，"受《书》于东海李育，学《诗》于会稽夏㻛，问《礼》于河东关子明，正《乐》于北平霍汲，考《易》于族父仲华"。但温公对《续六经》亦未能接受，他说：我个人认为先王六经，学都学不完整，怎可能续写呢？续写难道能超出其外吗？真有出入就不是经了！既然如此，就是多余，有何益哉？（参见《司马光文中子补传》）谈到为王通补传的原因，司马光一方面说"读其书，想其为人，诚好学笃行之儒"，一方面叹惜他"自任太重，其子弟誉之太过，使后之人，莫之敢信也"！

司马光把写好的传拿给邵雍看，雍曰：同时代那些不能理解他的小人，早在当时就已舍弃了君子之道，这些非议经历千百年，仍然还有讥讽之声。记载他所弘扬的，捐弃他所否定的，这是君子应当执有的方向；反之，因循他所反对的，捐弃他所提倡的，君子会越来越少。令人痛惜啊！王仲淹为什么不长寿呢？世人反对他所倡导的思想，但瑕不掩瑜。他虽然还没有抵达圣境，但已然与圣人比肩了。邵子以庄子《齐物论》的"非其所是"，说出他对世道人心的忧虑。王通一生强调"弗争"，"知止"，然而，围绕他那些褒贬不一的争论却经久不息。

宋代阮逸作《文中子中说注》，石介评价"若孟轲氏、扬雄氏、王通氏、韩愈氏，祖述孔子而师尊之，其智足以为贤"。将王通放在扬雄、韩愈之间，认为在"王纲毁""人伦弃"的非常时期，他是儒家道统中力挽狂澜的不可缺少的人物。

北宋五子之一程颐赞曰，"隐德君子也……殆非荀（卿）扬（雄）所及也"，给予他充分肯定，置于荀子和扬子之上，直承孔孟。更有那些因为王通续六经而不断诟病他的人，后世比比皆是。只一味诟病他续六经的"狂妄"，却不见其中的道，是世人的通病。

到了宋代，在《容斋续笔》中，洪迈一面赞荀扬王韩，"其各居一时之大儒"，一面又曰各自"有疵"，所谓"荀卿驳，扬雄拘，王通伪，韩愈浅"。

王阳明评述道："退之（韩愈），文人之雄耳。文中子，贤儒也。后人徒以文词之故，推尊退之，其实退之去我文中子远甚。"（《传习录·徐爱录》）他认为，若不是因英年早逝，王通定可"圣人复起"。而一句"良工心独苦"直欲使人穿越千年万里，怆然而泣下！那次谈话译为白话附录如下：

陆澄问："文中子是个什么样的人？"

阳明先生答："可称之为'具体而微'的人了，可惜他死得太早了。"

陆问："为何却犯了仿作经书的过错呢？"

阳明先生答："他仿作经书不能说都是不对的。"

陆澄忙请教个中缘由。

阳明先生深思良久，说："我更觉得是良工心独苦啊。"

王通续《尚书》为保存汉晋之史实，续《诗经》以辨六代之风俗，明化俗推移之理，修《元经》以判断南北之疑点，赞《易》道以申先师孔子之旨归，正《礼》《乐》以辨后世君王政治之得失，如此而已。在他看来，"知命"到"穷理"再到"尽性"根本就是完整的修养过程，不学《易》不可知命，"无以通理"，故以《易》为主授。

须知，有时弊则圣贤生。圣贤，皆是为挽救当时之弊病。王通所处的隋唐之际，经过两晋南北朝之离乱，儒家已趋陈旧僵化，一味排佛斥道，树门户之见，偏离孔子大义，"后人但习空文，不用其道"，真是可悲可惜！他明确提出"三教可一"的主张，师法佛、道思想及方法之长，为儒学所用（见《中说·问易篇》），所幸，终为后世所发现重视。

他提出的修身要求，"正心""诚""静""诚""敬慎""闻过""思过""寡言""无辨""无争"，切莫"动失之繁，静失之寡"，"居近而识远，处今而知古"。他主张无为无功，是希望不要为功名利禄去务人事，"名愈消，德愈长；身愈退，道愈进""昔之好古者聚道，今之好古者聚物"。

"痛莫大于不闻过，辱莫大于不知耻"，对于弟子"请绝人事"和"请接人事"之问，教他们"庄以待之，信以从之，去者不追，来者不拒"，顺应自然，既不为功利私欲所左右，又能为王道实践贡献才智，不人为弃取。御家以"勤、俭、恭、恕"四教，正家以"冠、婚、丧、祭"四礼……试问，哪一句不可视作子孙后人的家规训诫？对于群居之道，王通讲："同不害正，异不伤物。古之有道者，内不失真，外不殊俗。"这样才算是完整周全成熟的成人。

曹门达人

陈寅恪先生说，历数千年演进，宋代已达中华文化的登峰造极之巅。物壮则老，物极必反，至此衰落也是历史必然。当我们为宋代的雅致繁庶神往，为宋词痴迷，为《清明上河图》驻足，为器物简约的高级美叹服，为理学高下争论不休……应该发现，其背后的文化是最大的生产力，这巨大的生产力，来自历史节点上的文化人，这些人来自一脉相承的传统教育。

元朝史学家脱脱修《宋史》，高度评价宋代官员的读书之风："上之为人君者，无不典学；下之为人臣者，自宰相以至令录，无不擢科。海内文士，彬彬辈出焉。"赵匡胤打仗都要带着几箱书，稍有闲暇手不释卷，一时之间，文质彬彬，君子之风蔚然。这彬字，引出一个人来，这个人，被誉为"勋业最隆，功冠群雄"。他位高而志下，出将入相，得以善始令终，更可贵的是"仁恕清慎，能保功名，守法度，唯彬为宋良将第一"。（《宋史》）后世认为宋代不重军事，其实赵匡胤本就是有勇有谋的武将出身，身边更是人才辈出，将星闪闪。

然而，这群人中还有这样一个人，屡屡被赞美：独一人耳——无论处于什么位置，做事都能这么圆融，也只有他了！

这位广受称誉的首席良将，是河北真定灵寿人，名曰曹彬（931—999年），字国华。南宋名士罗大经评，史上三代有将帅气象的，汉代一个赵充国，唐代一个王忠嗣，本朝也就一个曹彬。

若说背景，父亲曹芸，曾任节度使，曹彬可谓出身将门。他与三代帝王均有剪不断的关系：后周立国之主周太祖郭威的两位贤德后妃，一位是柴荣姑母，一位是曹彬姨母。后来郭威病逝，素受他器重的柴荣继位成为周世宗。当年赵匡胤流离失所，就是投奔驻守澶州的柴荣帐下，才得以乘机一展平生抱负。而曹彬，是柴荣的亲戚兼侍从官。

驻守澶州的柴荣治理有方，因与曹彬沾亲带故，同为外戚，便委任他掌管茶酒等后勤事务。柴荣深信曹彬人品，深知他是通天达地的醇儒。这个职位，很容易假公济私结人缘，也很容易成为甄别官员的照妖镜。赵匡胤一直有心结交少自己四岁，却矜严温厚的曹彬，某日得闲跑去蹭酒喝，不料，曹彬只说了七个字："此官酒，不可相与。"这酒是公家的，抱歉不能给。赵匡胤只好悻悻走人，自己去买壶酒自斟自饮。

后来柴荣回汴梁登基，提拔赵匡胤执掌禁卫军。其间，他广交朋友，经常聚众宴饮，大家也乐于附和。而曹彬始终不攀援不倚仗，一直保持距离，除公事之外从不登门，那些同事间的大小聚会欢宴也罕有参与。

当初曹彬在柴荣帐下，蒲州节度使王仁镐忌惮曹彬地位特殊，对他极尽礼遇，曹彬待他却始终更谦恭一筹，态度全无一丝骄慢。偶尔出席公府宴会，曹彬也总是心平气正，稳重安静，从不旁视，这让王仁镐自叹弗如，反躬自省：像我平日，也算是废寝忘食夙夜精进不懈，自以为已经相当不错，但每亲见曹监军的持重端方，才知自己是多么散漫轻率。他感慨，这样清谦畏谨，不负使命的臣子，唯彬一人耳！

赵匡胤登基第二年，把曹彬从平阳召回汴京城。君臣二人聊起往事，赵匡胤忍不住问曹彬，当初我一直很想亲近你，你为何总是疏远我呢？曹彬正色下拜道歉，细说原委，臣当初是周王室近亲，又忝列宫中机要内参这种敏感位置，恭敬守位尚且怕有闪失，怎还敢妄自与人私相授受呢？古制中，内臣不得私下结交外臣，是人所共知的原则。宋太祖闻言释然，愈发感叹。曹彬不会作假，他不但治军严整，且真正是一个仁德忠恕之士。某日在朝堂当着满朝文武，赵匡胤依然毫不掩饰对曹彬的欣赏，动情地说，能够不欺骗上司的官吏，当年在柴荣军中，独彬一人而已！

后周太祖郭威去世前一年，曹彬受命出使吴越赐予兵器。吴越官员私下送来厚礼，他一件未动，完成使命立即启程回国。吴越人过意不去，乘轻舟追送，力劝他收下。三番五次辞谢不过，曹彬暗自思忖，庄子有言，为善不近名，我如此从头到尾一再拒绝他们，岂不落入近乎盗名窃誉的造作，也未免有失国体！于是收下礼物，回京之后全部登记造册上缴国库。此后周世宗非要再赐还给他不可，他拜谢后悉数分给亲朋族人，自己分文不留。

后来"杯酒释兵权"，一干武将尽数解甲归田。知而通达，谓之达人，曹彬是赵匡胤心中用不着削夺兵权的达人。器识为先，赵匡胤对有器量与见识的曹彬不断委以重任，报曹彬以知遇之恩。

赵匡胤代周自立为大宋皇帝之后，曹彬奉命披坚执锐，平后蜀，以不滥杀著称；一路伐太原，十万水陆大军征江南，灭南唐、克金陵，讨伐北汉，交战契丹，步步擢升至枢密使，为北宋统一立下汗马功劳，深受倚重。

曹彬率军伐蜀，众将要屠城，可曹彬坚决止杀。诸将领冲入蜀国后宫，直奔美女财帛。曹彬眼里只有大量典籍图书，仅取走几件换洗衣服。俘获的诸多后宫妇人，被妥善地单独安置于一室，同时还替她们寻访亲友，出资送还各家。余下无家可归的女子，曹彬自己出资备嫁妆，悉数妥善婚配。众人皆感曹公恩德。

攻南唐都城金陵前夕，曹彬发现将士已露有滥杀暴行，于是称病不起，同僚武将官吏担心不已，赶去探视，病榻上曹彬对众将官说，我这病，绝不是吃药能够治愈的，但只要你们人人诚心诚意发誓，攻克金陵之日，决不妄杀一人，那我的病就自然会痊愈。曹彬的话触动人心，大家对天焚香起重誓，相约破城之日，践行诺言，绝不滥杀无辜，妄害一命。此举感召民心，入城当日，老少箪食壶浆以迎。曹彬足智多谋，兵不血刃，城内百姓安度如旧，一场屠城之祸就此消弭。

《历史感应统纪》击节赞叹：曹公示病的意图，正如《维摩诘经》所谓"因众生病，是故我病；一切众生疾疗，我疾乃疗"一样，存心如此仁厚！古人说，三代人为将，是为有道之家所忌讳的不祥之事，像曹彬这样做武将，反而正可广作功德，何须有所禁忌啊！司马光由衷赞叹，曹彬仁爱多恕，平定数国，从未曾妄杀一人。

我们今天还能看到南唐后主李煜的唯美诗词，称之为宋词华彩。我们也要感谢曹彬，因为不舍得以身殉国的这位柔弱后主，差点难逃曹彬麾下群将的重刑折磨。正因为曹彬与赵匡胤君臣的默契配合与缜密运筹，加上曹彬一病止杀的妙计，才有让李煜写出精美如"恰似一江春水向东流"的离愁别绪的后话。

平定南唐，曹彬厥功至伟，带着苟全性命的李后主回朝之后，他给赵匡胤写工作汇报时，只云淡风轻说了一句：臣奉令到江南办事，今已回来了。出兵之前，赵匡胤许以使相之位；曹彬回来，赵匡胤却改口，下回再说吧。众将诧异，曹彬却对此不以为意。在他眼里，高官厚禄不过能多得到点钱财受用罢了，何苦纠缠。

史上那些把他跟韩信、郭子仪等历代大将并称的人，会默默发现，与那些战功显赫的大将不同，曹彬漫长的戎马生涯，秋毫无犯，不曾妄杀一人。平素闲居，便是蚊虫犹不忍伤害，这样的好生之德为他日后积累了极大的福报。其他将帅聚敛成风之时，他却居陋宅，不广造，一身素袍，以俭培德。外派都督晋州兵马时，某天与一众主将、宾客野外围坐，遇邻防区守将骑马传书，信使不识曹彬，悄悄问，哪位是曹监军？有人指给他看，使者不住摇头笑说，穿这么件粗糙绨袍，这么不端架子的国戚近臣，不是亲眼所见，谁信！左看右看，终不得不钦服。

曹彬不言人过，不计人嫌，平定后蜀回朝后，赵匡胤问及官吏善恶，他答得干脆：军政之外的事情，不是我该关心的。太祖再三追问，他推荐了军中一位端洁谨廉的官吏，以人尽其用。

他从不以富贵骄人，唯以谦恭自处，出门路遇士大夫，必定引车回避。他谦恭尊人，从不直呼手下官吏名字，每次约见下级官吏会议，一定先整冠振衣才出来接见。

他常于危难之中施人以菩萨心。在徐州任节度使时，有个小吏犯罪，当时本已结案，军纪严明的曹彬此番不知为何，却待一年以后才施以杖责。众人不解，曹彬这才道来：一年前，我听说这人刚成亲，如果那时绳之以法，公公婆婆会认定新媳妇克夫，那女子难免朝夕被打骂，弄不好会没命。所以我暂缓刑罚，好在没有因此枉法。

他嗜好读书，历次班师还朝，满载而归的是箱箱书籍。他求知若渴，学识日进，与朝中士人清谈终日，诸名士鸿儒也常汗颜自愧。

现代偶有研究宋史者，说他是"水货将军"，即是指曹彬人生中一场大败仗。第三次征北汉，宋太宗赵光义命他率十万大军北伐，结果全军覆没，他本人狼狈逃回。事实上若细审，这次"雍熙北伐"，除双方实力有差，主要责任在赵光义固执己见的各种干预，犯了战争大忌。事后曹彬被贬，之后复起为节度使。宋真宗即位后，他再度就任枢密使。前战之败，丝毫不掩他在史册中的光芒。以他为人的宽和淳厚，对任何评价应是于心无事，于事无心。

曹彬晚景甚佳，寿至古稀，谥号武惠，追封济阳郡王。病榻前，真宗亲自喂药照顾，如子奉父；离世后，真宗每念及必泪流满面。公元999年曹彬去世时，宋真宗赵恒诏令，曹彬与"半部《论语》定天下"的名相赵普配享太祖庙庭，封其妻高氏为韩国夫人，连同曹家亲族、门客等十余人亦各有封赏。他是宋代第一位享受国丧的武将。真宗赞曰，位居将相高门望族，却以声誉令名自立，家范门风不堕，几人如是！二百二十余年后的南宋，理宗赵昀绘制二十四功臣像祀于昭勋阁，曹彬位列其一。明代朱元璋择古今功臣三十七位配享历代帝王庙，曹彬仍在。至清代，曹彬被请入太庙，列四十一位陪臣之中，与历代帝王共享皇家祭祀。

曹彬及其儿孙们都是国之良宝，南宋邓名世在《古今姓氏辩·曹》录有曹彬及家族一百多人。曹家子女九人，曹玮、曹琮、曹璨……个个一代名将，曹璨在宋太宗时就已经成为独当一面的大将，掌握禁军十余年。曹琮也在宋仁宗时，官拜殿前都指挥使，执掌禁军。曹玮、曹璨二人曾官至宰相。曹玘去世后追封吴王爵位（其女即仁宗皇后），子子孙孙昌盛无比。尤以曹玮立军功于西北方，与父亲一样官拜枢密使。

曹彬与儿子曹玮，同为宋初四大名将之一，父子同配飨太庙，《宋史》皆有传记，有宋一代，绝无仅有。临终前，真宗探视曹彬，问及身后诸事，曹彬回道，儿子曹璨、曹玮都堪为大将，可继续为国效力。真宗问，两子孰优孰劣？曹彬说，璨更像我，但玮更出色。

曹玮的确很年轻时就显出过人之处。曾有位名士造访曹玮，住在军营外舍，曹玮正准备去巡边，顺道接他同行。见曹玮只身前来，此人很好奇，将军怎么没带兵呢？二人一出门，却见士兵盔甲整肃，足足3000人环列周围，人马俱寂静无声，难怪刚才在屋内什么也没听见！之后这位名士逢人便说，曹玮必成名将。他镇守边塞，招降外族、袭破西夏顽敌，因地制宜，巩固边防。曹玮大力整改蕃军，其战斗力大增。真宗大中祥符年间（1008—1016年），吐蕃某部侵宋，曹玮大破其军，战果颇丰，此后不断升迁。曹玮与父亲曹彬、兄长曹璨风格不同，他自成一家，治军以铁腕，赏罚果决，毫不姑息，资历虽很浅，却快速在西北军中树立起威望，带出一支比以往常规军更加强硬的铁军。中途因受构陷降职，到仁宗天圣元年复职，此后一路平步，官终彰武节度使，封武威郡开国公。天圣八年（1030年），曹玮去世，谥号武穆，嘉祐八年（1063年），配享仁宗庙庭，与父亲同入昭勋阁二十四功臣之列。

重文抑武，岂可一概而论？拨开迷雾，我们眼前是旌旗烈烈。

曹家子孙持续与皇室联姻，儿子曹玘娶赵匡胤侄女，女儿嫁给真宗，孙女嫁仁宗赵祯，封慈圣光献皇后，英宗当政时尊为皇太后，及神宗即位又荣升太皇太后，曾孙曹诗是仁宗孙女婿。曹家第三代同样武将迭出。南宋末年，第十二代孙，进士出身的沔州知府曹友闻，抵抗元军，拼死力战，与其弟曹友万双双殉国。

从立国初曹彬辅佐宋太祖，到靖康之变北宋灭，曹家瓜瓞绵绵，家道隆盛，与北宋国运共荣共济，可说是当时朝野第一武将世家。

永城太丘（今河南省商丘市太丘镇），是曹彬埋骨之地。当年唐灭，五代十国烽火连天，赵匡胤部署曹彬屯兵太丘，落户永城，为南下江淮造势。曹彬父子常在太丘城议事。太丘睢河南岸，遥想曹彬亲自操练水军……岂知几十年后，曹彬安葬于此处！明代《永城县志》载：其坟茔方圆一里有余。明清时期，永城县城乡贤祠中，刻有曹彬的名字，供后人祭祀。

今千年永城仍有曹氏后裔在，民间所云"十三门曹"皆曹彬后代。曹氏在江苏南通有武惠堂，镇江有世德堂，河南、河北、山东、安徽、浙江、湖南等十四省四十一县市曹氏后裔均尊奉曹彬为先祖。

曹氏各堂，皆有家训奉祀，读之乃见其门德馨：

> 敦孝悌，以丕家声。重和睦，以立家祥。
> 讲仁义，以碑家德。行慈善，以扬家名。
> 贵读书，以望家隆。培学养，以彰家瑞。
> 尚勤俭，以葆家兴。戒骄奢，以厚家风。

贱暴富，以永家泰。轻权势，以求家宁。

北宋一代，中华版图所及，能有不逊色于汉唐帝国之影响，是因江山代有才人出，君有君的器量，臣有臣的气象。

赵匡胤立国之初，有三则遗训碑刻藏于太庙夹壁墙，后代子孙即位时，尽须拜读。以其秘而不宣，至金灭宋时才面世。其一，前朝皇族子孙有罪，不得加刑，即使犯谋逆重罪，仅止于狱中赐自尽，要保留其人格尊严，亦不能株连族人亲属。其二，不得杀士大夫及上奏折提意见的人。其三，严重训诰，子孙如有违背此誓言者，天必诛灭之。

短短约法三章，其心量格局不知碾压后世前朝多少帝王之家！范仲淹就有切身体会，太祖有盛德，立国以来，从不曾对任何臣下轻易言杀。

所谓君子上达于往圣之德——君子见机，达人知命。

他们，是中国文化极有说服力的津梁。

横渠子厚

张载（1020—1077年），字子厚，祖籍开封，后定居凤翔郿县（今陕西眉县）横渠镇。对他的标签性描述是：北宋思想家、教育家，"北宋五子"、理学创始人之一。在我眼里，他更是一个实干家。

他一生，也曾有过沙场报国之壮举，也曾身为官吏造福一方，最终归去来兮，著书立说，实验井田，在长安附近横渠书院开坛讲学，世称横渠先生，尊为张子，封先贤，奉祀孔庙西庑第三十八位。其"为天地立心，为生民立命，为往圣继绝学，为万世开太平"的名言，被当代哲学家冯友兰先生称作"横渠四句"，言简意

陕西眉县横渠镇迷狐岭张载祠 摄于 2017 年 5 月

宏，历代传颂不绝。

我们十翼书院门生 2017 年 5 月见学西安，随师寻访张载故里。当地人知"迷狐岭"上有"张子墓"，却不知张子正是张载。守灵人是一位六十多岁的村民，幼时落下残疾，每月薄薪几百元，看护洒扫。我们几经周折到达陵墓大门，那时真的一眼千年，张子墓依然如此洁净庄严，不由得令人感叹！张迪、张载、张戬父兄三人均埋骨于此。

张载十五岁时，为官清正的父亲张迪病逝于重庆涪陵任上，爱戴他的民众自发捐款资助其灵柩回归故里汴梁。少年张载与母亲带着五岁的弟弟张戬，千里跋涉，护送父亲灵柩回乡。自涪州北上出川，沿途山岭崎岖，到达勉县时，已两月有余，此乃诸葛武侯当年六出祁山所经之地，定军山便在这里。此处留有武侯祠，自幼仰慕孔明懿德的张载，专程前去拜谒，于祠内得遇守祠老人，相谈甚欢。归来夜梦孔明先生。翌日再访，将梦中所闻"六有"训诫，题写于祠内壁上："言有教，动有法，昼有为，宵有得，息有养，瞬有存。"意为，言语合于圣贤教诲，行为合于天地礼法，白天尽心做好该做的事，晚间反省思过必有所得，一举一动懂得养生之道，每时每刻保持觉知，明心见性。这原是孔明一生写照，亦是父亲张迪所传家训，日后也成为横渠书院院训。

他一生以之为座右铭，躬行不怠，并世代传与子孙。

故乡开封府路途遥远，盘缠所余不多，张载母子三人便在离墓地不远的大镇谷口置地三百亩，定居下来守孝。自此张载奉母教弟，晴耕雨读，得与经典为伴，所谓"江山开眼界，风雪练精神"。经典乃是滋养他一生不竭的源头活水，就连他的名与字也是当年父亲取自《易经》"地势坤，君子以厚德载物"之句。

张载母子后迁至北边横渠村安家。横渠镇南依秦岭主峰太白山，北邻渭水，东接周至沃野，乃关中粮仓，孔明昔年屯粮处，建有崇寿书院。

时隔多年，苏东坡来到凤翔府为官，游历太白山下的崇寿书院，翠巘与落月，残梦与朝日，令他不禁于壁上写下"再游应眷眷"。

张载二十岁时，西夏李元昊拥兵二十万欲以延安为突破，进犯中原；更以屯兵养马为由，逼迫我大宋割地。范仲淹力排众议主战，领命与韩琦等将兵分三路御敌。

张载与同乡好友"孤胆英雄"焦寅一道修文习武，相互帮学三年，欲投军破西夏报国。恰在那时，52 岁的范仲淹调任陕西延州（今陕西延安），整饬军务，固城练兵，久之连村里小童都会唱"延安府里范元帅，蛮兵一见就逃窜"。

JIAFENGJIAXUN
>>>>> 家风家训

张载家训

【四为】：
"为天地立心，为生民立命，为往圣继绝学，为万世开太平"。

【六有】：
"言有教、动有法、昼有为、宵有得、息有养、瞬有存"

张载简介

张载（1020年—1077年），字子厚，陕西眉县人，著名思想家、教育家、理学家，与周敦颐、邵雍、程颢、程颐合称"北宋五子"。创"横渠学派"。

>>>>> 以家训促家风　以家风带民风　以民风扬社风

2018 年 11 月摄于洛阳伊川家风家训馆

血气方刚的张载，怀揣赴边境侦察摸底后所写的《边议九条》，与精壮习武青年二十余人相约奔至延安府范大人军中，当时在军营演兵场，亲眼看见虎将狄青百步穿杨的英姿，真是豪气干云。青年张子厚当时是何等期望投身麾下，随大军平定西夏，马革裹尸！范公将他们悉数编入军营，这支队伍后来屡建奇功。

后世描绘他们二位先贤的初次见面，说范公"一见知其远器"。他对一心要参战的张载说：报效国家，各有其器，何必投身军旅？子厚，你是名门之后，守正出奇为真儒生本色，应当立志于穷究儒家经典，涵养文韬，将来必有大作为。

这番净言，张载没齿难忘。范公让他讲解《中庸》，又反问："何谓中庸？"他当下语塞。先生于是说，孔子之中庸哲学，世人都粗解为折中调和。而其实，人生在世，面对风云变幻，荣辱沉浮，何以不忧不惧不惑？作为一种人生态度，"中庸之道"让我们不再有"意、必、固、我"，从而养成绵长柔进的韧性与磅礴丰沛的精神境界，能与天地相参，与万物并行不悖，走中道不妄为，使天地万物各得其所，各遂其生。通过诚意、正心、格物、致知的内圣之学，达到修身、齐家、治国、平天下的外王之境。

边境战祸，生灵涂炭，能弭兵止戈，安居乐业，实乃众望所归。在范仲淹身上，张载看到了"知、仁、勇"三达德，看到了人伦中"君臣、夫妇、父子、昆弟、朋友"这"五达道"，看到修道以教的深谋远虑与敬天保民的悲心，这亦成为他后来"民胞物与"思想的发端。

范公所言"臣则由乎忠，子则由乎孝，行己由乎礼，制事由乎义，保民由乎信，待物由乎仁"，也一直是他教化后辈"从道"的家训。

居延安日久，他欣然安心在范仲淹嘉岭书院襄助整饬常务，余时在书院读书。于军中得以亲睹范公这位大宋股肱之臣文韬武略，战无败绩的风采。张载真正遍学儒家经典，又旁通佛道，在日后横渠书院进德修业的初衷，正是缘起于这里！

三年后，范仲淹从前线调回，与富弼、韩琦诸先生推行"庆历新政"。先返回横渠故里的张载，学业已大有长进。他治学由佛老重归六经，开始研读群经之首《易经》，同时心系范仲淹主持的"庆历新政"。某天，张载信步行至家乡佛陀洞，观察天象变化，内心正预想新政的前景，举目见东北方天空乌云翻滚，心中升起隐隐不祥。后来果然仅一年又四个月，新政夭折，范仲淹被贬邓州。

大丈夫"居天下之广居，立天下之正位，行天下之大道。得志，与民由之；不得志，独行其道"。孟子的话犹在。范公离朝后，得以在邓州"百花洲"创建"春风堂"做州学讲堂，还亲临讲学。这时的范仲淹虽远离官场，却名望日隆，已成为天下读书人的楷模。后起之秀张载以及当时学界、政界名士都曾前往"春风堂"听课，一时，邓州文运大振。范公去世后，"春风堂"改为"花洲书院"，并在旁建范文正公祠以祭。

张载一生第一个至关重要的转折点正得益于范仲淹的津梁接引。更值得欣慰的是，张载儿子张因与范公之子范纯仁亦为好友。

内心深知，知而不能行，只是未真知。张载研学《易经》，在家乡横渠南汤峪沟神功石搭棚，一住就是十天半月，在"观星台"夜观天象，以体验往圣所述的"天垂象"，以及"近取诸身，远取诸物"的占断吉凶之道。嘉祐元年（1056 年），学有小成的他终于来到故地开封，准备参加次年科举，闲来常在一寺庙端坐虎皮讲《易》，当时跟着听课的学子相当多。某晚，程颢、程颐兄弟俩来看望张载，论起来，他还是兄弟俩的表叔。他们一见如故，谈天说地，自然聊到《易》。张载发现，自己对易学的见解其实与他们难以匹敌，翌日，他撤去虎皮，当众宣布，各位仁者应该去跟二程兄弟学习。此事是促成他成学的第二阶段。尽管囿于亲戚辈分关系，并未正式拜二程为师，但在他《行状》一文中有句话："尽弃其学而学焉。"正是指他完全抛开自己的学说，追随二程学习《易经》。那段时光，程颢和张载曾在寺庙里终日论道。程颢常说，恐怕也就我们俩能够议论到这个高度！多年以后，朱子和陆九渊也说过同样的话："自有宇宙以来已有此溪山，还有此嘉客否？！"

嘉祐二年（1057 年）正月初六，由欧阳修担任主考官，各科共录取进士 388 人。同科进士中有苏轼、苏辙、曾巩以及后来被誉为宋明理学引路人的张载与程颢，还有王安石变法的核心干将吕惠卿、曾布、章惇等。现在看一眼这一科榜单，绝对是史上值得欢呼的一次极品高考录取名单，云集多少光灿灿的名字，照彻整个大宋乃至后世！

张载自认，自己并非根器极高者，又因性格刚正不够委婉，很容易出口伤人，要"变化气质"谈何容易？故他一生从来不倦于读书与著述。程颢说：《西铭》这篇文章，子厚与程某见解相通，我却没有子厚的笔力。甚至大赞：《孟子》以后，一篇而已！

留下《西铭》《横渠易说》《正蒙》等文字，张载要后人好好"写"，"写"是一种功夫。他一贯认为，心与文字一体。读书人倘若道理说不通，又写不明白，一定是心有问题，要么不明理，要么故弄玄虚以欺世盗名。一个人，若心无障碍，文字必通达晓畅。

当今社会，物质发展空前过剩，而人的精神却日渐委顿——宗族没有族谱，家庭没有家训，子女教育碎片化，如无根之木、无源之水，我们是否能从这些先贤的成长轨迹中寻找到一剂良方济世？

在张载的育人观里，人要"大其心"。我们读《正蒙·大心》："世人之心，至于见闻之狭；圣人见性，不以见闻梏其心。"将人的修养，分为"气质之性"与"天地之性"两层次。这种观点，根本不离孔子的"克己复礼"、孟子的"养浩然之气"。

后世所谓横渠四句，"为天地立心，为生民立命，为往圣继绝学，为万世开太平"，是当年他辞官还乡，将崇寿书院改建为横渠书院时，镌刻于书院石壁上的，也是当年讲学长安时提出的天下读书人应有的精神气质与器识格局。天道对谁都不偏爱，人行走在天地间，心净而无私，脚下处处净土。

横渠书院西墙，贴有《订顽》一文，是他任著作佐郎时所写，即后人所谓《西铭》，中有"民吾同胞，物吾与也"。在文中描述了一个理想社会愿景：于此中，人人乃我同胞，万物与我为友，君王如长子，大臣如管家，敬老恤孤，爱护弱小，圣人与天地合其德，贤人乃天地之秀，残疾孤寡都是我辈的兄弟姐妹。这就是孔子说的"天下为公"的大同世界。谁不为之神往？

张载在书院授课时嘱咐弟子，要存心养性，勿要懈怠悖德，无论富贫贵贱，皆要懂得，生而为人要成就自己生命的价值。东墙《砭愚》篇，即《东铭》，文中言"诚"，谓无戏言戏行，切忌过于傲慢，所谓修言修行，应于细微处见功夫，从"见闻之知"向

"德性之知"不断超越，长期修习以逐渐变化气质，自省落实，直至"学达性天"。世人难免愚顽，但凡诚心向学者，皆须格物明德，可医愚除顽。

书院的每间课室壁上均有"六有"，另有他亲题"十戒"，门生以院训视之，规范言行，立身处世。

每日往返书院与家，举目尽是太白积雪、秦岭云雾，真可谓"天高地迥，觉宇宙之无穷；兴尽悲来，识盈虚之有数"。宋太祖有句"百战归来再读书"，读来竟犹如"大风歌"般寥廓！赵匡胤还提出"不因政见、言论、文字之罪诛杀臣子与士人"。到宋太宗赵光义时"兴文教"，而真宗则赋有那首《劝学诗》："富家不用买良田，书中自有千钟粟；安居不用高架堂，书中自有黄金屋……男儿若遂平生志，六经勤向窗前读。"

各路学说一时竞出，如春秋战国之百家争鸣。王安石有"荆公新学"，北宋五子之周敦颐有"濂学"，程颢、程颐创"洛学"，张载在横渠开书院讲学时渐渐形成"关学"。至南宋便有朱熹的闽学与陆九渊的心学。其影响力之深远，覆盖之广，学生之众，传习研学之活跃，远非今人所臆想，也非所谓高高在上。相反，它恰恰遍布根植于百姓日用之中，充满温度与生机。

关中东起函谷关，西至大散关，八百里秦川，历史之绵长，人文之厚重，没有理由不使经学再度繁盛。

张载在书院授业，其一"尊儒学"，通经致用。

张载《正蒙》所提出的天文地理研究，与邵雍所言"学不际天人，不足以谓之学"，亦属相互印心之语。真正的儒者，无论教书育人，还是为官理政、戍边卫国，都拿得起放得下。如邵雍《六得吟》，日常生活出处语默的细微处，眼耳口手身心，时刻体之用之，能打通其中障碍，与天同德，内外和合，成己成物。我们不得不承认，文修武备，这是真儒生标配能力，古今一再证明。张载亦曾与蔡挺带兵打仗，在渭州前线以两万兵力大胜西夏十万军队。这正如孟子所说，如果大禹、后稷、颜回一起穿越，他们互换身份，"易地则皆然"。

其二讲"礼"，将乡间婚丧、祭祀等礼仪加以规范。弟子吕大钧在《吕氏乡约》之上又定具体而系统的《乡仪》，归化秦俗。立志为"天下归仁"，使民建立"出门如见大宾"的敬畏心。

其三便是"务实"，把学问用来解决民生、社会、政治、军事这些实际问题，不事空谈。如考察土地问题，遍研《周礼》，尝试"井田"，探索解决各阶层土地矛盾的可行之法，虽不能行之天下，犹可试验一乡。

书院课堂，他将庄子与惠子濠梁对话抛给学生思考，使他们体会"物可穷理"。一次，吕大临曾奉工笔花鸟古画来见老师，请教如何判断画中牡丹是何时所画。张载以花朵种类，花色干湿，花瓣卷舒，花下一猫的瞳仁，断言必是春天午后……正所谓"物物一太极"，观察把玩之乐，君子居之。

横渠书院以《易》为宗，以《中庸》为体，以孔孟为法，以敦本善俗为初心，教育弟子见贤思齐，"学必如圣人而后已"。

如今，在陕西眉县，横渠书院仍在，张氏墓园尚保存完好，全国各地都有张载的后人陆续到横渠镇祭拜，在本地还有后人生活。陕西一脉，有张载28世孙张世敏在横渠宗亲会任会长。

张载身后，寡妻郭氏和幼子张因只得回到河南南阳娘家。在以后的九百多年中，宋室南渡，金元烽火，后裔四处漂泊，流散河北、河南、湖南、湖北、江苏、江西、福建、四川等多地。

南宋末，有七世孙张日中为救文天祥受创阵亡，此成仁取义的精神便源于"横渠志道精忠"。《大宋节义臣二十一人》转录此事："仿春秋之义，特笔书之国史家乘，用意深远。"

江西抚州这支族裔人数众多，族谱内容丰富信实，是南宋理学湖湘学派张栻的后代。张栻与朱熹、吕祖谦齐名，时称"东南三贤"，曾任岳麓书院山长，当年与朱熹会讲三日，一时学子数千，竭河饮马，可见学风之浩瀚，气象之盛大！

明万历年间，仰慕横渠学说的凤翔知府沈自彰，欲使张载墓地和张子祠等遗迹得以为其子嗣历代祭拜护持，千方百计寻访到张载第14世后裔张文运及其子孙共5人，自河北滦州迁回凤翔府，安置在横渠西面的眉县槐芽镇西柿林村，守护祖坟和张子祠。近400年来，眉县后裔已经繁衍到31世500余人。

明末，张载16世孙张元福、张元寿留在凤翔，繁衍至今也已到31世孙600多人。数百年来，继继绳绳，两处后裔每三年一次大型扫墓。族人或有企业家，多年来重视家族文化，出资组织本族人祭祖、翻修祠堂、修谱归宗，其中一族续修族谱（道光二十年，1840年）结尾处述："不独亲且亲，不独子其子，此横渠西铭之说，今张氏系本横渠先生之后者，其必深体乾父坤母之意，以无愧乎西铭之说。"

另有湖北南嘉两铭堂张氏，已繁衍到35世孙，6000余人。余者多地族人数千，可谓泰兴之大族。

南嘉两铭堂，族人除夕年夜饭，子夜12点曰"出天方"时，后辈人人净面洗手，至祖先牌位上香叩头，放鞭炮，讲家训。到大年初一天明，即由各长房男丁到宗族祠堂集体祭祖，读《关中训辞》。两铭堂历史上出过郑州府判、云南大理府太和县令等官员和众多儒士。近数十年，从政从军者络绎不绝，人才辈出。在嘉鱼县内任职者有一二十人，另有造福一方的企业家十多人。

张氏宗祠门口对联尚在，历久弥新。先祖训诫声闻于天，绵亘千年，其子和之：

横渠之本本固而叶茂，昌福之源源远而流长。

横批：祖居关中。

第四章　家风西渐

龙在天涯

写这一章时，脑海里出现了"丁龙"，这个名字，在美国名校哥伦比亚大学有口皆碑。哥大东亚系，是全美大学最早的汉学系，也是中国文化传播在海外的一方圣地。

19 世纪 60 年代，在美国加州，丁龙给一个刚刚圆了美国梦的白人做仆人。主人卡本蒂埃先生正忙于参与加州历史上著名的全美铁路大干线的贯通。1869 年 5 月，横贯美国东西部的铁路大动脉完成接轨，被誉为世界铁路史上一大奇迹。这条铁路原计划 14 年修成，但因 14000 多名勤劳坚毅的华工，忍受了美国史上最疯狂的虐待和排挤，以 10% 以上的高死亡率为代价，仅用了 7 年即告竣工，比原计划整整缩短一半时间！卡本蒂埃先生本人在自己的企业和家中，都雇用了这样的华工，丁龙就是其中极普通的一位广东人，只粗粗识文断字。这些华工身上的克己隐忍、吃苦耐劳深深打动了这位主人。他渐渐发现，在这些几乎没受过多少教育的中国工人身上，有着谜一般的淳朴正直与平和淡定。一次，他因琐事烦闷发怒，扬言要解雇丁龙，次日清醒后懊悔不已，他知道丁龙对自己的脾性了如指掌，生怕失去这样一位难得的伙计，急忙道歉。谁知丁龙一边照常备好早餐，一边淡淡地说："我原谅你。你脾气不好，但我知道你是个好人。我不是个读书人，我父亲也不是读书人，但从小我父亲就告诉我，圣人孔夫子说，受人之托忠人之事，这是我们家世代相传的家训。我会珍视荣誉，对你尽责，忠于职守的。"一席话，让卡本蒂埃见识了中国人的伟大，也发现了一个奇迹，两千多年前世界东方有个孔夫子，他的教化至今仍在每个中国人生命里回响。

后来，卡本蒂埃一手建立了奥克兰市并成为市长，丁龙一直跟随他左右，二人从主仆变成朋友，人品端方的他赢得了这位市长真诚的敬重和喜爱。晚年的丁龙请求退休，主人实在不舍，一再恳求丁龙一定要提出一个愿望，他本人愿倾其所能予以满足。于是，卡本蒂埃先生听到了一个不可思议的宏愿：我，丁龙，请求您出面，把我这一生积攒的所有存款，捐献给美国一所知名大学，请它建立一个汉学系，来研究和传播中国——我的祖国和民族的传统文化……写到此处，我已不禁泪流满面！要知道那是怎样的时代！两次鸦片战争后，中国正经历庚子赔款，列强瓜分利益，大厦将倾，无数知识分子纷纷留洋寻求救亡图存之路，而一个被当作"猪仔"卖到大洋彼岸的廉价劳工，一个普通的中国仆人，他所思所想，居然是希望美国人对中国多一些了解。他笃信，通过了解和理解，会令美国人尊重拥有五千年历史和文明的中国，而捐资办学可能是最有效最直接最持久的方法。

接下来的故事，成为一个传奇，主仆二人都捐出了一生的积蓄，这个义举甚至感动了清政府！慈禧太后捐出价值七千美元的五千册珍贵图书，李鸿章、驻美大使等官员也有私人捐赠。自此，在哥伦比亚大学这所美国百年名校里，一个前所未有的汉学系横空出世。在 1901 年 6 月 28 日的那封信中，他这样写道：

校长先生，谨此奉上 12000 美金（注：这笔钱折合今天约

2000 万元人民币 ）现金支票作为对贵校中国学研究基金的捐款。

——丁龙 一个中国人

此后，这位美国人因丁龙而成为慈善家，持续捐助汉学系以及其他与华人有关的事业。他还数次来到中国，广州、云南都留下了他捐资助教的善迹。他在写给哥大校长的信中说：这笔款……献予您去筹建一个研究中国语言文字、文学、宗教和法律的汉学系，并愿您以丁龙汉学讲座教授为之命名……他把丁龙与苏格拉底等古希腊先哲相提并论，对哥大校长表现的质疑和犹豫给予了激烈的回应，并拒绝使用自己的姓名。他说，丁龙不是一个神话，他是真实的，虽出身寒微，却是位天性善良、生性高贵的绅士，是"罕有的，表里一致，中庸有度，虑事周全，勇敢且仁慈的人；他谨慎而克勤克俭，在天性与后天教育上，是孔夫子的信徒；行为上像清教徒；信仰上，他是佛教徒；性格上，他则像个基督徒"。直至1919 年去世，卡本蒂埃从未终止兑现自己的承诺，陆续捐赠 50 万美元（今折合约 8.3 亿元人民币）。

在纽约卡本蒂埃庄园，那条"丁龙路"犹在，今已一百年，仿佛哥大汉学系的历史！1910 年之后的 40 年里，赴哥大求学的中国学生有上万人，其中有胡适、冯友兰、潘光旦、宋子文、马寅初、闻一多、陶行知、徐志摩……一百年来，一直延续着国际汉学研究的最高水准，苛刻到只有四位学者获得过"丁龙汉学讲座教授"名衔，其中一位便是胡适的导师之一。不是独树一帜的汉学顶尖学者传经，哥大宁可虚位以待……一百年韶光之后，如今的汉学系掌门，是一位中国人。

望极天涯，丁龙，魂魄安在？据说1906年应已是七旬老人的他已只身回国，自此音讯渺然。各国学者寻找丁龙的足迹，至今仍在继续。今天的我们，甚至连这个名字，也仅知是英文"Dean Long"的音译。在这个靠家训传承，只身漂泊海外而内心无比沉稳笃定，大写于人间的人面前，我们的灵魂仿佛才真正在漂泊。在家家曾珍视传续的家谱家训背后，究竟是什么在起作用？换言之，丁龙内心珍藏的人格尊严究竟有怎样的力量在支撑？是什么赋予了他如此高迈而敦厚的人性光辉？

一个世纪后，我们中的一些人，坐着飞机头等舱，趾高气扬穿梭于世界各地的奢华卖场；今天的我们，拥有互联网时代极便利的物质条件，在学校受教育，有文凭可傍身，动动鼠标，就能得到想得到的东西。但为何祖辈身上那一股吐气若兰，道义担当的精神气质已不再？可曾想过，你可以用自己的身份地位来证明这些名牌，但拿什么来证明你自己？

我们都曾身在其中，每年长假，无论境内外，旅游胜地在游客蜂拥而至鸟兽而散之后，留下那一片狼藉：景点卫生间如临大敌，用餐如吵架，用手机旁若无人……在无知无畏的人那里，没有什么不可以。

事实上，不是传统文化需不需要我们这些不肖子孙弘扬，而是我们需要借优秀传统文化之力起而自救！我们岂能一面谈教养、孝道，谈爱国、敬业，谈公德、契约精神，一面对祖先留下的温润如玉的垂范训诫嗤之以鼻？

我们是这样流离失所！家居装修追求更新，可家中已没有明堂，没有"天地君亲师"的方寸位置。客厅最醒目处只有日益先进庞大的电视机；我们教育子女，今天信奉美国人写的亲子读物，明天寻找英国人的儿童教育心理专著，后天遇到问题指望百度，唯独没有自己族谱家训可循。我们的子女，能记得自己祖父母辈姓名的人都寥寥无几，更何况列祖列宗？我们心心念念说自己是中华儿女，而面对浩浩百家姓，有几人曾想到自己终其一生从未见过祖上家谱，记得兴家一言？

蓦然回首，一百余年前那个早晨，丁龙从从容容地告诉怒气冲冲的卡本蒂埃先生，我不认得几个字，我父亲也一样，我们是中国农民，但世世代代从小到大，我们都有族谱家训……

赤心水圣

负后死之责，循先贤之迹。

后人之视今，亦犹今视昔。

——李先生早年译自日文

20世纪二三十年代，世界上有"两个半"水利学家。一个是德国人，一个是中国人，半个是日本人。

这位中国人，其名李协，字宜之，后改为仪祉。中国近代水利之父，创中国近代水利史诸多第一。

先生一身诗意，龙行天下，行者无疆，侠之大者，大义赤心，虽千万人吾往矣！是为勇者无惧。

先生能处立百事，一生历任80余官职，所任事皆实干真行，凡事彻底。从大学教授到实职官员，精力之充沛，理事之通达，独见于心，是为智者无惑。

李家历代家训："做大事不做大官，求实际不图虚名。"先生不以仕途为意，为生民立命，刚柔相济，宠辱不惊，令朝野上下怀其能、念其德、感其恩，是为仁者无忧。

先生与人书信尝有言：大凡公众人物、学者、要职官员，"天下事以千万人之力成之而不足，以一人败之而有余"，故切记：位高责任大，无德害众生。

当年，中国传统读书人是怎样从"乡人"转换成"世界人"，继而拥有如此广阔的格局、见识、担当、思维方式的？

留学时期的李仪祉先生

先生一生，亲历中华三百年未有之大变局，完满了乡人—国人—世界人之旅途，数代关中老百姓口口相传，将其誉为"水利泰斗""现代大禹""关中龙王""一代水圣"。

先哲曰，大而化之谓之圣；圣者，立心于高处而立行于足下，化成天下万事。所谓圣，达于情而遂于命，通于物而顺其自然之势。人所不敢思不愿想的大事，在先生那里早已件件落为实地。

1938年3月8日先生57岁过劳仙逝，嘱葬于总干渠畔。次日西安大雪，天地素白，西安有万人追悼。安葬日，父老五千众送别"活龙王"，哭声震天。政府特发褒扬，令树碑立传，蒋介石、邵力子等人致电哀悼，同窗兼同乡于右任撰写挽联："殊功早入河渠志，遗宅仍规水竹居。"办公桌尚存一纸《十年规划》，先生竟已将1945年前引水工程悉数规划好，令人嗟叹，才高德厚，方为

"水圣"！

九年江河治导，泽被十七省，救济灾民无数。当地农民一面耕作，一面默念先生名；十五年从事灌溉工程，福田三万顷，惠遍三秦。千百年间，十年小旱、卅年大旱的关中，至今良田千里。这些设施上承古代水利建造自然理法，巧用西方水利科技，花费少、灌溉广，均靠天然之力引水归入需水农田，极少用人工动力。"关中八惠渠"自此名动海内外，为北方水利工程之冠。当地人辈辈叹其造诣，服其人品，感其功德，将先生请入《辞海》，搬上舞台，刻成雕像，写进传记。

1932年，西安机器商品物品陈列馆、华山气象台、古物保管会、各县雨量站，及华清池遗址、西安革命公园等文化设施的修

西北大学110年校庆所立李仪祉先生纪念坐像

建和修复，经先生十五年惨淡经营，百分之九十均已成功。"我不能一生一世做官，但我却要一生一世做人。我不能为了自己的利益而忘了大众的利益，忘了做人的根本！"先生说。

1929 年至 1931 年间，关中大旱，身为水利专家的先生面临政府的不作为与推诿，一字一血地说："吾不信吾之国家遭受暴风雨之摧残，四万万之民族即烟消云去于地球之上。唯有披肝沥胆，方可共度国难。"

先生任西北大学校长时，学生寒暑假皆在野外实习中度过。那时，教师勤教，学生善习，是西北大学初创期的黄金时代。先生以李氏家训教导学生："要做大事，不要做大官，一切事情要讲求实际，不要争虚名。"在他心目中，教育家非要眼光长远，有放眼世界的气魄不可。

清宣统元年（1909 年）先生二十八岁，剪去发辫，公派赴德国留学。一路经福州、马来西亚槟榔屿（槟城）、苏伊士运河及英吉利海峡，由比利时登陆，去往柏林，入皇家工程大学攻读铁路水利。

先生读书极精进用功，闲余最喜一人独游为乐。自然美景相看两不厌，寂然与天地融为一片。

他常一人一本书，林中安卧酣眠，觉来诗兴大发：

> 一卷相随势不孤，林中偃卧鸟相呼。
> 醒来神识忽颠倒，误认青天作碧湖。

德国人提倡佛学，先生课余以此出杂志，曾写文章辩耶稣、佛陀之是非，译佛学为德文，往来问答解析……平素心有所感，便信笔写几首新诗抒怀。

先生以明辨笃行被同窗唤为"圣人"，他笑对：哪里是什么圣人？我自号"葫芦"而已！臆想先生或是说，葫芦平常，腹中虚空，尤可吸纳天地，寂然不语，何妨精骛八极！

先生家书曾云："儿之志，是欲以哲学为终身成就的方向，以工学为平日生计。"此言不虚！长思先生半世奔走，蹈足于实业救国，以土木、水利等"实学"成名立身。按，彼时各领域留洋归国者人才济济，倘不是对东西方哲学精研深通至此，断不可能如先生这般知行合一，立心高远。足见道不虚行，只在其人。

矢志于土木工程和水利，先生一生两次留学德国，又两度放弃学位与教职聘书归国，皆为办学之故。1912 年创三秦公学，后并入西北大学。先生于三十二岁重返德国求学，并受邀与陕西水利官员郭希仁同赴欧洲各国考察河防水利，其间深忧国内水利颓废，先生许大愿：此生将治水利民，不再旁骛。第二次归国逢陕西大旱，一时赤地千里，饿殍遍野，北旱南涝。

为育才救国，一生创办了 20 多家企业，370 多所学校的前清状元张謇，开办南京河海专门学校，先生欣然受邀任教务长、教授一职，教书育人 7 年不辍。

如此细品，人常惊呼先生俨然超人，悉在情理之中。精于水利工程、建筑、设计、教育，通晓德、法、英、日等多国语言，且旁通天文、地理、气象、地质、数理，长于诗歌、剧作、书法、宗教、文史哲和文物保护，凡此博学，莫不精深。自二十二岁受聘于右任商州中学堂教员起，一生因材施教成绩斐然，门人广布，所培育学生多有建树。先生通才无碍，先后编写三部秦腔、两部话剧剧本，戏剧造诣颇深。他为成渝公路所设计的盘道，被后人誉为"巧夺天工"之作。先生自谦自勉："生于此国，长于此乡，救危定难，自愧无方，爱国悯人，亦何能后？"如此不舍昼夜，高密度高强度高水准的实干，令先生在每一司职都以极短时间创出极大的业绩！

古人说，欲多则心散，心散则志衰。遥想先生多能得惊人，却无欲则刚，心志坚如磐石，原因何在？盖源于幼而家训提撕，家学深厚，父辈身教，夙志在先；待壮年而行正，心思清明，临事必用神专注精一，不惑于心，不昧于行，终日乾乾不废，未老而圆成。

陕西蒲城县洛滨镇富源村，乃先生故土。1882年，先生出生，母亲马氏。如今县城文庙门口，常有喝茶、聊天、下棋老人，一提先生事迹，无不如数家珍。

李家耕读传家，清清白白，历世隐德。先生父亲李桐萱，晚清关中大儒，同盟会会员。辛亥革命后曾履职陕西文化官员，兼剧作家，西安秦腔易俗社首任社长，暮年深悟佛法。伯父李仲特，晚清古学名家，著述丰富，又精数学，曾任川汉铁路工程师、同盟会陕西分会会长，陕西大学堂（西北大学前身）数学教习。

先生七岁始识字。八岁跟从伯父读书。九岁，师从刘时轩先生读《诗经》。十岁从刘时轩先生读"四书五经"，始学作诗作论。授业师刘时轩为陕西三原贺复斋先生高足，对于所教学生言行，必规矩以礼法，一丝不苟。先生一生德行器识之基均得益于此。十一岁后，随父亲在家读书，从父亲及伯父处正式学习时称"西学"的代数、几何等学科。秉承父亲、伯父二公耳提面命，文学及数学皆突飞猛进。先生最不喜科举八股，十七岁时，弟兄二人同科应试，轻松过关，双双考中秀才，尤以数学满分，八股文随手拈来，张榜列第一，兄长约祉第七名，正与当年父亲、伯父二公同登科上榜相辉映，自此李氏昆仲数学之名大震关中。

李家第二、第三代都有子弟出国留学，家规便约法三章：学成必须回国报效；不许娶洋太太；回国后要归还债务，培养弟妹。

先生治水功勋卓著，名扬四海，其品德修养和学业，给子女极好身教。先生育有二子：长子赋宁（1917—2004 年）是西方语言文学大师、著名教育家和翻译家，任教于北京大学。留学耶鲁时，赋宁已通过博士学位考试，时值 1949 年新中国成立之际，他放弃博士学位，与在芝加哥大学的周珏良，牛津大学的王佐良、许国璋相约共同回国执教。"我教中世纪，佐良教文艺复兴和莎士比亚，国璋教 18 世纪，珏良教 19 世纪。"回国初任清华大学外文系副教授，1952 年调任北大西语系教授。这一海归团体，建立了我国外语教育体系，以学识与人格的巨大魅力，育人无数，贡献卓著。

先生次子赋洋成为生物学教授。少时，赋洋在家玩耍，见窗台有半盒香烟，禁不住点一支抽两口，谁知父亲回来，赋洋赶紧把烟扔出窗口，先生闻到烟味，就问赋洋，家里是否刚来过客人？赋洋答没有。先生又问，那怎么有股烟味？赋洋低头认错，先生只轻轻拽一下赋洋耳朵，以示告诫。其一，烟是父亲的，孩子不过好奇效仿；其二，孩子未说谎；其三，认错即止。这样的父教，温而厉。

先生兄长约祉的九个子女中，长子赋京（1900—1988 年）、次子赋都（1903—1984 年）是著名的医学教育家，也是中国钉螺研究的先驱；三子赋林（1907—1980 年）承叔父业专攻水利，曾担任黄河治理要职；四女赋林、五子赋丰均专长水利；七子赋镐专攻物理。

李赋宁之子，李家第四代李星，与祖父、父亲一样，朴实、谦逊、勤奋，当时已在美国生活 8 年，完成了博士后研究，有一份优越工作，并在大学任兼职副教授。学成回国时 35 岁，执教清华大学电子工程系并承担多项科研任务，学生们都喜欢上他的课。两年后，李星晋升为教授，需要的时候，他就亲自上机找问题，编程，网上至今还流传着他编写的 MacHanzi 软件。他以身教将祖父家训传给学生，譬如"不怕做小事""大事不糊涂""想得深一点"。他深信：浮躁的商业只能做这一代的，有根的教育才能做下一代的。

先生 45 岁时，作自传坦陈："我家虽穷，但对小孩子的教育却一丝不苟。"

回眸 1924 年，先生在西北大学执教，记者孙伏园陪同鲁迅入陕参加"暑期学校"。之后，孙伏园写有《长安道上》名篇，在他笔下，李仪祉先生及同仁"性情均极和顺，言谈举止，沉静而又委婉"，在这些陕西人身上，他发现了我们民族性如此美好的一面。

有学者认为，整个 20 世纪之一百年，中国从清末至今，共育六代知识分子。李氏家族恰以六代相传。

父亲的四百封家书

在民国激进的时代洪流中，不少家族背负着妨碍爱国青年个性解放的恶名，屡遭声讨。另一面，又不能不承认，诸如曾国藩家族、梁启超家族、无锡钱氏家族、江西陈家、安徽九如巷张家、河南冯家、苏州贝氏家族……这些南北各地耕读之家无不养育了大批精英后代，他们历经科举废除（1905年）前完整的旧式教育，又纷纷留洋，归国"救亡图存"，立众人之上，振臂一呼，群起而应。而后的事实证明，他们终生的作为与成就，与那个曾被深恶痛绝的"旧式大家庭"有着千丝万缕的关联——晚年的他们，在人生夕阳余晖下，莫不深深眷念那座老宅，那个院落，那方水土。

广东新会，崖山，南宋陆秀夫负少帝跳海殉国处，茶坑村耕读之家梁氏祖坟即在此。秀才梁延后常领诸孙辈去"三忠祠"，祭奠文天祥、陆秀夫、张世杰三位忠勇之士。每睹宋亡石碑，老人家泪眼仰天，临海长叹"关山无地限华夷"。儿子梁宝瑛一生虽无功名，但退居乡里教书，也深得乡人敬爱。梁氏家谱中记载，出身于书香门第的梁启超母亲赵氏，在儿媳中最得祖父看重。她贤孝、善女红且识文断字，做姑娘时就是村里女孩子的典范，跟她学习过的女子都能嫁得好人家。1873年2月，梁启超出生，是八个孙辈中最得祖父疼爱的。

梁启超四五岁就随母亲和祖父读四书和《诗经》，六岁随父学完五经及《中国史略》。父亲不苟言笑，中规中矩，督促孩子们读书的同时还要做些农活，言语举止也要谨守礼仪，一旦违反家道家

孟子祠 母教碑

训，他决不姑息，必严加训诫。启超记得父亲最常说的："汝自视乃如常儿乎！"你真把自己看成个庸常的孩童吗？六岁那年，启超因说谎，被母亲叫到卧房严问。母亲素来慈祥，终日含笑，很疼惜启超，但当下却盛怒难当，命他跪下，用力打了十几鞭并训诫道：

人撒谎，无非是为掩饰过错，或者就是为逃避指责，侥幸逃过还自以为得计，是错上加错，与盗贼何异？天下万恶之源莫过于此，更不必说因此彻底失去别人的信任，将来必沦为乞丐一般！一番声泪俱下如雷霆万钧，斯言斯景，梁启超永志不能忘。

祖父、父亲、母亲的熏陶与家教，让他心胸开阔，人格上日趋成熟，也愈加自律。

此后梁启超入塾读书，十二岁中童子秀才。是日适逢祖父七十寿辰，启超跪求主考官为祖父写贺词为赠，主考官被少年之心打动，提笔千言，一来激励启超效法古人，立志大业；二是称颂启超家乡风水之吉善；三是赞誉其家教家风淳美，并断言他前途无量。多年后，果如所言。

1889年，27岁的启超参加广东乡试，李主考官慧眼识人，将其妹蕙仙许配给这个乡下子弟。携手36年后，爱妻病故，在悼文中，梁启超回顾这位生长在北方官宦人家的大小姐，远嫁潮热的广东乡村，清贫农家，每天操持家务，孝敬公婆，从未有不悦之色。

十年后"戊戌变法"失败，梁启超遭清廷追杀逃亡日本。夫人临危不乱，扶老携幼担当全家。事后，他说妻"素知大义"，当下"慷慨从容，辞色不变，绝无怨言，且有壮语"，可谓患难之交，不愧"闺中良友"，远非那些寻常眷属可比。

伊藤博文早期誉梁启超是"中国珍贵的灵魂"。日本人难以揣摩的正是这样一个灵魂人物：他亲力谋划外交，争取国际舆论，奔走呼号四载。至1922年，中国最终从德国手中收回青岛及山东一切权利，挫败日本乱中取利的图谋。

自欧洲护国回到上海，得知父亲已去世一个多月，他悲从中来，作《哀启》一文，追忆与族中兄弟自幼在父亲执教的私塾读书的情景，感念学业根底、立身根基皆来自父亲教诲。自此他退出政坛，"居近而识远，处今而知古"，埋首精研国故。墨子的"三知"令他大赞：闻知（调研、学习），说知（推理、思辨），亲知（躬行、实践），并写出大量古今人物评传，以提撕子孙自勉。

如出山后的谢安一般，梁启超常年在外，孩子们在大家庭中成长。他发现，做孩子们的良师兼益友平等交流，能引导他们在严苛的社会环境下不惧敞开心灵，领略父爱的博大深沉和父亲身不在心相伴的良苦用心。于毛笔为主要书写工具的年代，梁启超写下400余封家书，过百万字，几乎占他一生著作之十分之一。作为公众人物，梁启超数任在身，著作、讲学、办杂志、参与各种社会活动……家信多写于午夜后。孩子们也常回信，虽远不及父亲寄信多。梁启超晚年，儿子思成等五子女在国外，百忙之中，写信、读孩子们来信，是他最快乐的享受，更成了他特别的家教方法。信中谈学业、恋爱与生活、交友之道、时局政事……事无巨细，温温娓娓，丝毫没有家长高高在上的做派。

"我晚上在院子里徘徊，对着月亮想你们，也在这里唱起来，你们听见没有？"——一百余年前的中国，一个远在异乡的父亲，在给儿女的信中称呼"宝贝""baby"，与我们对那个时代的想象反差何其大！孩子们的心，将来想必是柔软而温和的。

他告诉长女思顺："天下事业无所谓大小，只要在自己的责任内，尽自己力量做去，便是第一等人物。"是的，在为人父的梁启超看来，尽职尽责就是第一等人物，这看起来简单，其实是非常高的要求。今天的父母巴望孩子将来出人头地，其实，人首先要做的就是承担起对自己生命的责任。一个人倘若不懂得承担责任，即便做成大事，也会很快失败。

对已有三年清华学堂求学经历的思成，梁启超提醒道，这一年正该用"火炖"的功夫——凡做学问总要"猛火熬"和"慢火炖"两种功夫循环交互着用去。在"慢火炖"的时候，才能令"猛火熬"的起消化作用，把所学打通、融洽，而对自己的成长产生实际作用。人生之旅，历途甚长，所争决不在一年半月，万不可因此着急失望，招精神之萎苶。（1923 年 7 月 26 日《致思成书》）

1927 年 2 月 6 日家书："……将来能否大成，大成到什么程度，当然还是以天才为之分限。我平生最服膺曾文正两句话：'莫问收获，但问耕耘。'将来成就如何，现在想它作甚？着急它作甚？一

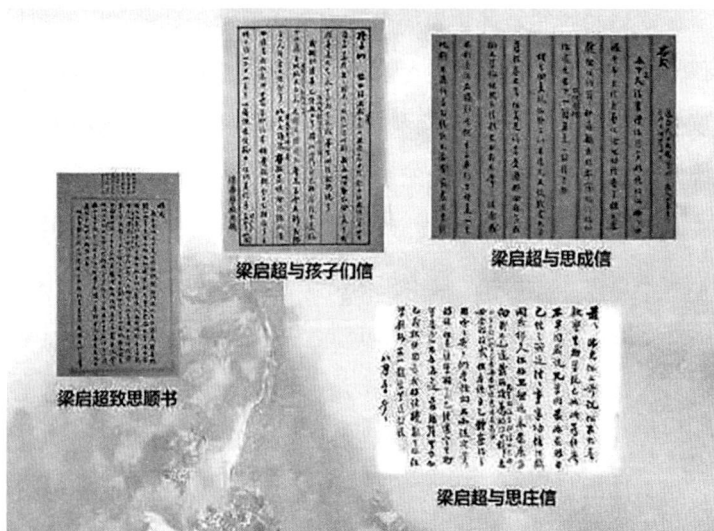

梁启超家书

面不可骄盈自满，一面又不可怯弱自馁，尽自己能力做去，做到哪里是哪里，如此则可以无入而不自得，而于社会亦总有多少贡献。我一生学问得力专在此一点，我盼望你们都能应用我这点精神。"

深启超早年曾将人分为三个级别：乡人、国人、世界人——只知本地事为乡人；只知本国之事，为国人；知天下大势者，谓世界人（《夏威夷游记》1899 年版）。通过曾文正公所言"莫问收获，但问耕耘"，他想告诫孩子们，做事万不能只想着回报、酬劳！过于功利的想法，只能适得其反，必然堕入末流；要想着如何把事情做好，耕耘好自己脚下的土地，自然会有好结果。天下事业无所谓大小，士大夫救济天下和农夫善治其十亩之田，成就所止都是各自的"至善"。只要在自己责任内，尽自己力量做去，便是第一等人物。

至于教子有何奥妙，梁启超认为，父母要拿自身做子女的人格模范。孩子们渐渐长大，年长的要给弟弟妹妹垂范。他又很相信孩子们个个都会受他这种遗传和教训，不会因为环境的困苦或舒服而堕落。"至道无难，唯嫌拣择"，他说，人生本无顺逆，顺逆皆在于内心，何况身处忧患未必不是人生幸事——能使人精神振奋，志气强立。多年来，一旦环境较安适，人在不知不识之间德业已日退，"在我犹然，况于子女辈"。（1916 年 1 月 2 日《致思顺书》）他后来由政坛退而回归学问，复归忧患却自足自在的生涯，心境之愉快比起先前不啻天壤之别，又可近距离与孩子们相处，对于子女的教育恰是天赐良机，可"玉成子女辈"！

西方将人类心理分"知、情、意"三个部分，这三部分圆满发达的状态，我们先哲名之为三"达德"——智、仁、勇。为什么叫作"达德"？因为这三件事是人类普遍的道德标准，总要三件具备才能成一个人。三件达成即是"知者不惑，仁者不忧，勇者不惧"（《论语》）。作为教育家的梁启超，认为教育据此应分为智育、情育、意育三方面——国人现在讲的智育、德育、体育尚不全面，德育范围太笼统，体育范围太狭隘——智育要教到人不惑，情育要教到人不忧，意育要教到人不惧。师者自我教育与教育学生，不达到这三层不算究竟。

不惑、不忧、不惧，是君子常行，养成每个孩子的"三不"能力，也是梁氏家风与家教的核心理念。

不强求成绩，不干涉兴趣，梁启超最看重的却是品行。他告诉子女，如果能成人，知识自然越多越好；如果不成人，知识却是越多越坏。如苏格拉底言，训练年轻人的目的，并非让他们能力杰出或成为"成功者"，而是启发他们敬畏和节制、学习和创造，同时又不乏生之乐趣。在这样人生观下长大的孩子，无论处于何种境遇，都能获得内在的从容快乐。

九个子女，长子思成、次子思永、五子启礼均为院士；三子思忠毕业于西点军校，从军；四子思达毕业于南开大学，经济学者；长女思顺，诗词研究专家；次女思庄，著名图书馆学家；三女思懿，社会活动家；四女思宁是新四军早期革命者。可谓"一门三院士，九子皆才俊"，关于教子，他无疑是极为成功的。

所谓成功，在于是否"成人"。为人父母，自己拥有健全的人格和高贵的精神趣味，并以此熏陶子女，这才是给孩子最好的生活条件，这才是真正的"富养"，这是最深远的爱，最稳妥的一生之计——父亲梁启超如是说。

两个东西南北人

　　一个世纪前，一位在北大教书，留着小辫，精通英、法、德、拉丁、希腊等9种外语，拿遍欧洲文、理、哲、神学13个博士学位，清末民初学贯中西第一人，号称"怪杰"的老先生说：典型中国人之全貌者，乃温良是也。这是一种难以言表之温良——同情心与智慧之结晶。什么是真正的中国人？就是有赤子之心和成年人的智慧，过着心灵生活的这样一种人。中国人的精神是一种永葆青春的精神，是不朽的民族魂（辜鸿铭《中国人的精神》）。

　　当年写下这句话的人，是辜鸿铭（1857—1928年），名汤生，号立诚，自谓慵人、东西南北人、冬烘先生。他祖籍福建，生于马来西亚槟城，长而学于欧洲，成仕于北京。《清史稿》述："辜汤生，字鸿铭，泉州惠安人。幼学于英国，为博士。遍游德、法、意、奥诸邦，通其政艺。年三十始返而求中国学术，穷四子、五经之奥，兼涉群籍。爽然曰：道在是矣！乃译四子书，述《春秋大义》及礼制诸书。西人见之，始叹中国学理之精，争起传译。"史所谓《春秋大义》就是著名的《中国人的精神》，出版于1915年，写以英文，后来成为牛津大学课本。

　　1867年，十岁的汤生被义父母布朗夫妇带去英国。临行前，父亲命他在祖先牌位前焚香并告："不论你走到哪里，不论你身边是英国人、德国人还是法国人，都不要忘了，你是中国人。"——父亲这一句切肤训言，让他心头一震。留学英伦时，逢重大中国传统节日，少年辜汤山必朝东方摆祭台，敬酒馔，在租屋郑重遥祭祖先。

　　十年后，年仅 21 岁以 13 张博士文凭加身的辜鸿铭，在德国人纪念俾斯麦百年诞辰会上即席演讲，大放异彩。1880 年，24 岁的辜鸿铭结束了 14 年西欧列国游学生涯，返回出生地马来西亚槟城。翌年岁末，偶识大学者外交家马建忠（其兄即复旦大学创始人马相伯），经三日倾谈，青年鸿铭思想及生活方式巨变，遂辞去当地政府职务，移居香港。自此矢志重拾中国文化，埋头儒学经典，写就《中国学》，梳理出 19 世纪以来西方汉学家的学术概貌与不足。此文于 1883 年首度在《字林西报》（1850—1951 年间英国人在中国出版的最有影响、历史最久的英文报纸）上连载。此间，感于商代开国君主成汤之《盘铭》"苟日新，日日新，又日新"，遂借"盘铭"，自取字鸿铭。鸿，大也。

　　1885 年，28 岁的辜鸿铭归国，在张之洞幕府中任外文秘书二十年。他一边助张统筹洋务，一边精研国学，自号"汉滨读易者"。1901 年，清廷以"游学专门"名誉，赐"文科进士"。

　　清末民初，"西学东渐"远比"东学西渐"风势强大，尽管四书五经西译早自明末清初即已发端，但译者多是粗通汉语的传教士、汉学家，在语言文化、思维方式上必然存在的巨大隔膜，导致各种曲解、硬译、断章取义，使原典精奥大为衰减，引发多数西方人对中国人和中国文明泛起种种偏见。感于斯，1898 年之后几年，辜鸿铭陆续译成四书中的三部，首先译出《论语》，流传甚广；之后，《中庸》译本被纳入《东方智慧丛书》；后来又译《大学》。在中西文化交流史上，其译作确乎功不可没，他因此也在欧洲声誉鹊起，家喻户晓。英国一位著名传教士学者评，辜鸿铭之论著"可与英国任何时代任何大文豪之作品相比并"。

1907年前后，蔡元培赴德国求学时，辜鸿铭早以硕学名冠西方；又十年，林语堂留学德国莱比锡时，辜鸿铭的著作已是数所名校哲学系指定的必读书。西方曾流传一句话：到中国可以不看三大殿，不可不看辜鸿铭。

民国初年，辜鸿铭的拉丁文诗句被镶嵌在上海愚园路廊壁。国外文化名流鱼贯而至，托尔斯泰与他常互致书信。1913年，57岁的辜鸿铭与53岁的泰戈尔同获诺贝尔文学奖提名，获奖的泰戈尔访华，文化界雀跃，独他冷冷对曰，一个东方人不懂《易经》，不如回印度整理诗集。

1915年至1923年在北京大学教授英国文学时，其无障碍出入古今中西的课程极受欢迎。拖着小辫悠然踱进课堂的辜鸿铭引起年轻狂傲的学生们哄堂大笑，他不动声色地回应："我头上的辫子是有形的，你们各位心中的辫子却是无形的。"众学生瞬间鸦雀无声。"洋人绝不会因为我们割去发辫，穿上西装，就会对我们稍加尊敬。我完全可以肯定，当我们中国人变成西化者洋鬼子时，欧美人只能对我们更加蔑视。事实上，只有当欧美人了解到真正的中国人——一种有着与他们截然不同的文明，却毫不逊色于他们的人民时，他们才会对我们有所尊重！"（《在德不在辫》）教室肃穆静寂。

1915年，《春秋大义》（即《中国人的精神》）出版。书中说，没有深沉的、博大的、纯朴的性格和智慧，要懂得真正的中国人和中国文明，是不可能的。德文版《春秋大义》对正陷入"一战"的德国影响甚巨，战败后的德国视之若拯救灵魂的良方。辜鸿铭使用优雅地道的外语告诉西方人，唯有中国文化才是拯救世界的灵丹妙药。他将包括《泰晤士报》《日本邮报》等英文报刊作为批判西方，阐扬"周孔之道"的阵地。文章令西方人惊讶又极为佩服，德国和日本人尤其如此，把辜鸿铭的文章与演讲稿译成德文、日文并集结成文集，让更多人了解这位东方哲人的思想。

辜鸿铭与当时以及后来那些崇洋媚外者大相径庭的，是他对西方世界丑恶的一面了解越深，对中国文化与文明理解得越透彻，越发现"欧美主强权，务其外者也；中国主礼教，修其内者也"，也越相信欲以欧美政治制度及文化改变中国，必使中国陷入大混乱。总有一天，世界各国为利益你争我夺愈演愈烈，唯有靠中国的礼乐与教化消弭此祸，拯救世界。

他多次在著述和演说中指出现代欧洲高度物质文明的巨大破坏力量，预言西方物质文明向"力与利"狂奔的危险，自然界的灾害远没有无止境的"人欲"对人类的未来更具毁灭性。在英美图书馆里，他著的书数量众多且被读者厚爱。

在福州，一美国船长无端开枪伤人，而驻地领事竟连经济赔偿都嫌多余。辜鸿铭得知，公开著文怒斥："真正的夷人，指的就是像领事那样的人……是那些以种族自傲、以财富自高的英国人和美国人，是那些惟残暴武力是视，恃强凌弱的法国、德国和俄国人，那些不懂得什么是真正的文明却以文明自居的欧洲人！"

晚清十万留洋学生群体，我们只略知一二。但愿我们怀着敬意重温历史，会发现他们中有许多人回归几近荒芜的田园后，都做了些什么——绝不仅仅是愤世嫉俗、冷嘲热讽的情绪，而是勠力践行"师夷长技以制夷"的担当。

辜鸿铭归国后尽余生之力捍卫中华文明，促成世界第一个孔子学院的诞生，他说："许多外人笑我痴心忠于清室，但我……乃忠于中国之政教，即系忠于中国之文明。"

1924 年离开北大之后，受邀远赴日本、中国台湾讲学的他，临行前几多唏嘘：我爱中国，我爱中国的人民，但就像孔子"乘桴浮于海"一样，不得不远行！1928 年，妻病逝，他黯然回京，一边给为数不多的学生讲授儒学，一边以法文译《春秋》，并陆续寄往巴黎发表。4 月底，奉系军阀张宗昌欲聘他就任山东大学校长，辜鸿铭也有意赴任，但因病未果。30 日，生命中的最后数小时，病榻上的辜鸿铭仍在为学生们讲学，尽管只有寥寥几人，他却视作最重要的使命，直至离世。享年七十有三，同于孔子。

清华教授，"哈佛三杰"之一的吴宓哀悼他，称颂其为"中国在世界上唯一有力之宣传员"；同是福建人的林语堂评价他，做洋文，讲儒道，"出类拔萃，人中铮铮怪杰"。有位外国作家叹道："辜鸿铭死了，能写中国诗的欧洲人却还没有出生！"

十余年后，少他三十九岁的林语堂继之两度获诺奖提名，以介绍中国文化的英文作品享誉西方。他所著《京华烟云》（有描写辜鸿铭的笔墨）、《吾土吾民》等，特别是讲述中国人道家思想和人生韵味的《生活的艺术》，为沉醉于追名逐利的西方开启了认识中国文化之美的另一扇门，调动了美国大众对"中国梦"的无尽兴趣。《纽约时报》书评说，这本书让读到的美国人恨不得立即跑到唐人街去给见到的每个华人鞠一躬。而林语堂说，对外国人讲中国文化也对中国人讲外国文化，最开心不过的事，乃是把两千年前的老子与美国的汽车大王拉在一个房间内，让他们聊聊货币的价值与人生的价值。

在林语堂的幽默文字里，辜鸿铭无疑是极具深度及卓识的前辈，他赞叹辜鸿铭罕见的中西文造诣，对于西方人的冲击力之大，却仍使人宽恕他许多过失，因为真正有卓识的人是很少的。尤其对两种文字奥义的融通无碍，使得辜先生的翻译永远站得住，那样的翻译是"真正的天启"。

林语堂15岁留洋之前，学于厦门寻源书院，虽是一所教会学堂，但闽西南家乡"山地文化"的遗风、知礼乐善的传统，是林语堂走向世界的根，也是林语堂人生轨迹的源头。国外大学的图书馆，给予他再度体验传统文化、深入接触国学的机会。其间，他意识到以"进步"之名义弃绝传统的愚昧，以至在莱比锡大学，他以德语撰写博士论文《中国古代音韵学》。在清华任教时，对新文化运动全盘西化的反思，促使他探寻中国读书人的文化根源，特别是对陶渊明的研究，使他更愿意成为一个和谐者，而非叛逆者，他希望"传统和现代价值之间能够相互妥协融合""青年中国会重归理智，重新尊重古老的美德"。

立于世界文化的完整坐标系，在中西文化的大背景下回眸，一百年前的这二位"50后"和"90后"，他们的背影，他们坚韧、细腻、深广的内心世界，令我们肃然起敬。当年，十万留学生漂洋过海寻求救国图存的道路，如今，每年百万留学生出国，数年前仅美国就有30多万，澳大利亚14万，英国10万，日本逾8万……然而，有多少人能承接回归中国文化与中西方文化交流的使命？如果说清朝的辫子代表腐朽与落后，那么拒绝剪辫的辜鸿铭为什么赢得了西方人的尊重和赞誉？抛弃本国文化，以迎合趋附为能事的所谓融入，也只能是变成"香蕉人"，在聒噪的西风里，一面鄙视自己的来处，一面为了获取认同而从里到外变得比洋人更洋人——这样的人，心里的辫子远未剪去。

无根的教育不可能产生真正的大师，精神家园荒芜的人群，不可能产生坚实持久的文化自信，文化的土壤需要诚意耕耘才能重见生机。文化自信，说到底不在于是否能融入时下主流，而在于你作为中国人的文化底色与底气！云从龙、风从虎，时代已改变，你若是载道之器，其德不孤。

听，来自心间的召唤之歌响彻山阿——归去来兮，田园将芜，胡不归！

如如不动是真山

　　1937年8月28日，北大、清华、南开三校南迁长沙，联合组建长沙临时大学。一个多月前，"七七事变"爆发。12月，南京陷落，长沙立成危卵。1938年2月，一言"国家亡了可以复兴，文化亡了就全亡了"，令三校始西迁入滇。师生水陆分三路前往昆明。其中一路，完全徒步，翻山越岭3600公里抵昆明。抗战胜利后，1946年5月4日，国立西南联合大学举行结业典礼，7月31日宣布联合办学结束，北京大学、清华大学、南开大学迁回原址，师范学院留昆独立设置，改称国立昆明师范学院。1984年，昆明师范学院更名为云南师范大学。西南联大这所只存在了8年的"最穷大学"，被誉为"中国教育史上的珠穆朗玛峰"。

今日丰碑

8 年时间，西南联大虽只毕业了 3882 名学生，但开设了 1600 门课程，走出了 2 位诺贝尔奖获得者、4 位国家最高科学技术奖获得者、8 位"两弹一星"功勋奖章获得者、171 位两院院士及 100 多位人文大师。

　　联大校长梅贻琦先生曾在联大开学典礼上说："所谓大学者，非谓有大楼之谓也，有大师之谓也。"

　　那座以茅草房为主建筑群的传奇校园，被缅怀至今，渐尊而光。

　　西南联大其旧址已经成重点文物保护单位。

　　在组建西南联大之前，三所大学都各自拥有自己的校训。

　　北大的校训是"博学审问，慎思明辨"；清华的校训是"自强不息，厚德载物"；南开的校训是"公能"。

　　西南联大，以"刚毅坚卓"四字作为新校训。

当年旧影

西南联大旧影 来自网络老照片

"刚"：壁立千仞，无欲则刚。生于国难之时，立于炮火之中，刚强、勇敢是联大的底色。

"毅"：士不可以不弘毅，任重而道远。史上条件最艰苦的现代大学，师生的毅力，也是前所未有的。

"坚"：穷且益坚，不坠青云之志。坚定、不屈，从校长到老师学生，一脉相承。

"卓"：夫唯大雅，卓尔不群。

联大是奇迹，也是真实的存在。有了"刚、毅、坚"，联大的存在与卓越看似微弱，其实坚如磐石。

当年孔祥熙拨十万大洋给学校改善条件，联大师生全体一致同意"将这笔钱捐给昆明人民，以报收留之恩"。1942年，教育部决定给 25 位兼行政职务的名教授每人发放一笔"特别办公费",但被他们联名致函拒绝:"抗战以来,从事教育者无不艰苦备尝,十儒九丐,薪水尤低于舆台,故虽啼饥号寒,而不致因不均而滋怨。"这就是刚毅坚卓,这就是读书人的风骨,士君子之气象。

1946 年,有三个女孩报考清华落榜。她们叫梁再冰、冯钟璞、梅祖芬。梁再冰父亲是梁思成,清华建筑系主任;冯钟璞父亲是冯友兰,清华文学院院长;梅祖芬父亲是梅贻琦,清华校长。当时,梅祖芬距离清华分数线只差了 2 分,同学们都叫梅祖芬去找父亲帮忙。梅祖芬说:"正因为我父亲是校长,所以绝无可能。"

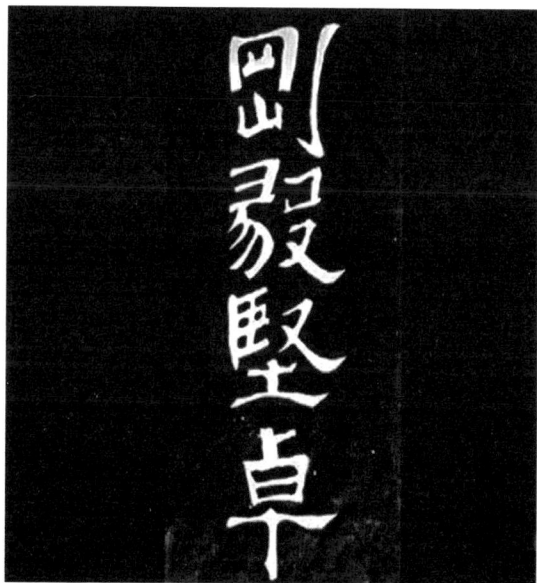

刚毅坚卓

身教胜于言教，令后来者汗颜。美国弗吉尼亚大学教授伊瑟雷尔说："这所大学的遗产属于全人类。"

今天之国人，若忘记历史，便是对文化传承精英的遗弃。

第五章　真谛在行间

他山之石

程子曰，知而不能行，只是未真知。古今中外，富过三代，盛过三代的家族，无不在家训的光照下，延续了绵密柔韧的香火，从而使得中华文明的火种与文脉得以传续。失去了夫妇、父子、兄弟姊妹，长幼有序之天伦关系的正家之道，就失去了人立身之根本。

家风家训的文化作用和教育价值不仅存在于中国的土壤中，同时也具有世界意义。20世纪90年代发布的《全球伦理宣言》中就说："只有在个人关系和家庭关系中已经体验到的东西，才能够在国家之间及宗教之间的关系中得到实行。"

教育界有两个案例，常常拿来对比分析，美国有两个已繁衍了二百年，各有八代子孙的家族，一是康涅狄格州的爱德华家族，第一代加纳塞·爱德华，是位德高望重、博学多才的神学家、哲学家，及虔诚的道德家。爱德华家族的历代子孙延续他所树立的重子女教育、明道德修养的家风，使之薪火相传，在他的子孙中共出了1位副总统、1位外交官、13位大学院长、20多位议员、60位医生、103位教授。另一家族是纽约州的朱克家族，其始祖马克斯·朱克是200多年前一个臭名昭著的赌棍加酒鬼，开设赌馆，对子女教育不闻不问。由于家风败坏，家族子孙中，7人因杀人被判死刑，324人沦为乞丐，因酗酒夭亡或成为残废的多达400多人。

63人因偷盗、诈骗等罪被判刑，其中50人还是在狱中学了些手艺，出狱后勉强糊口。

在谈及文化对人的社会化塑形意义时，美国人类学家R. 本尼迪克有一段表述——个体"从他出生之时起，他生于其中的风俗就在塑造着他的经验与行为。到他能说话时，他就成了自己文化的创造物，而当他长大成人并能参与这种文化的活动时，其文化的习惯就是他的习惯，其文化的信仰就是他的信仰，其文化的不可能性亦就是他的不可能性"。

今天的父母，在子女上学受教育的花费上不遗余力，过度寄希望于体制内外的"专业"教育，殊不知，当你有了孩子，你就成了教育者和被教育者，在教育孩子长大成人的同时，我们自己也完成了人性成熟的过程。在家教层面，没有天然的父母，如果没有传承的家风家训，又不能深入思考，不具有更长远的未来观，会陷入琐碎的烦恼与表面现象的迷惑，整日焦头烂额，早晚让孩子废在自己手里。

从国内外的家族史中，我们早已看到，无论多么优良的学校教育和社会教育，如果不能在家庭中得到真正的内化养成，则很难成为孩子的思维方式与行为习惯；相反，学校和社会教育的某些误区或缺失，如能在家庭中得以辨别过滤、纠偏和弥补，则可在很大程度上减少其负面影响。

数千年的中华文明，永锡祚胤，我们诚然不可能复制圣贤的人生，然而须"心向往之"。至今仍站在传统延长线上的我们，说现代教育倡导尊重个性，为让孩子们未来能真正自己做主，在他们的人生最初关键点，必要以家道家风的皈依，成为支撑彼此走出困境，不入歧途最为重要的根基与指引。

当年被称为"哈佛三杰"之一的吴宓先生（另外二位是汤用彤和陈寅恪）说过这样一段话："只有找出中华民族文化传统中普遍有效和亘古长存的东西，才能重建我们民族的自尊。"

第二圣经

如果一艘船不知道该驶向哪个港口，那么任何方向吹来的风都不会是顺风。

——《塔木德》

如果我们不为自己努力，我们靠谁？

如果我们只为自己努力，我们成了什么？

如果我们现在还不明白，我们什么时候才明白？

——《塔木德》

……

为什么仅占地球总人口 0.2% 的犹太人，却占诺贝尔奖总获奖人数的 22%（1901—2004 年间，167 名犹太人或具有犹太血统的人获得诺贝尔奖）？我们仍然发现，是经典的力量。

《塔木德》是犹太人继《旧约圣经》之后最重要的一部典籍，又称为犹太智慧羊皮卷，或犹太 5000 年文明的智慧基因库。它代表公元 1 世纪末到公元 500 年间古犹太民族宗教、哲学、历史、生活习俗各个方面的规范，是由 2000 位学者先后在 1000 多年的讨论和研究中，对本民族历史、文化进行发掘、思考和提炼后写成的智慧圣典。

它是由几十本书组成的一个系列，有耶路撒冷（巴勒斯坦）塔木德和巴比伦塔木德两种版本。随着基督教的兴起与发展，巴勒斯坦犹太教的学术研究走向没落，而巴比伦的犹太拉比社团不断对《塔木德》增订，在公元 5 世纪末完成了《巴比伦塔木德》。它比《巴勒斯坦塔木德》更加充实完备，全书约 40 卷，分为六个部分，第一部分为有关农事的律法和祭仪；第二部分为宗教节日、安息日及斋戒的规定；第三部分为有关婚姻及离婚的律法；第四部分为记述民法、刑法及诉讼的条例；第五部分为有关祭祀和奉献的礼仪；第六部分阐述不洁和洁净的事项。共计 250 万字，包括《圣经》训诫、历史、诗歌、寓言、法律、民俗、宗教礼仪，甚至包括农业、建筑、天文地理、医学以及民事刑事等等。整部作品通俗易懂，睿智隽永，是犹太人行为处世的指南，对散居全球的犹太人维护民族统一性、加强凝聚力起到无比重大的作用。

《巴比伦塔木德》曾在犹太人中口头流传数百年，在欧洲印刷术发明前一直使用手抄本，约在公元 1482 年首次在西班牙印刷出版。据说，若全部译成中文，需 10 人以上专业团队，花费十几年时间才能完成。其内容，大致可以分为：

密释纳（Mishnah），原意为复述，为律法条文，亦称《口传律法典》。成书于 2 世纪末。共 6 卷 63 篇。它是《塔木德》的根。植根和脱胎于希伯来《圣经》，但独立于《圣经》之外，是与犹太人的现实生活息息相关，完全自成体系的犹太律法书。

革马拉（Gemara），原意为完成，是对密释纳的条文作的补编、讲解、说明，亦称《口传律法典诠释》，是最初的塔木德雏形。

米德拉释（Midrash），是历代犹太拉比大师对希伯来《圣经》的布道讲解汇编，包括《圣经》人物故事，律法、道德、伦理等等。

整个中世纪，欧洲犹太人对《塔木德》的研究非常活跃。一位伟大的语言学家，也是一位塔木德编著者曾经宣称：假如在一代人当中突然暂停塔木德的学习，传统一旦丢失，要想恢复几乎是不可能的。在各个世纪的迫害与流亡中，《塔木德》拯救了以色列人，避免了智力和道德的退化。如果说《旧约》是一部永恒的书，那么《塔木德》则是犹太人日常生活的伴侣，充满着生命的智慧和化解危机的良谋。1948 年以色列国成立，犹太文化得以复兴，《塔木德》再度受到重视。时至今日，对这部律法集的诠释和补充工作仍在继续。

《塔木德》大约被译成 12 种语言，在世界上广泛流传。犹太人则人手一册，终生研读，它教会了犹太人思考什么，如何思考。它构建了犹太人的世界观，如师如友，在琐细的生活之上，让人感觉到鲜活的智慧和观照万物的力量。孩子从父母和犹太拉比那里接受戒律和生活习俗的教育，自小培养强烈的民族认同感。他们深信，智力是道德的仆从，最好的书是教人怎样生活的。

犹太小学生入学第一天，穿戴整齐，由父母或有学问的人引到教室，每个孩子都会得到一块干净的石板，上有《圣经》简洁文句，涂上蜂蜜。孩子们一边朗读，一边舔舐石板上的蜂蜜经文，然后拉比分给孩子们苹果、蜜糖、核桃，以此让孩子们感受到知识是甜蜜的，学习是神圣的。每学完一卷《塔木德》，家人亲朋好友都要为这桩生命中的大事前来庆贺一番。

他们深信《圣经》中的一段经文："智慧人必发光如天上的光。那使多人归义的，必发光如星，直到永永远远。"

生活《古兰经》

《教诲录》是伊斯兰世界中一部影响力仅次于《古兰经》的经典。写下这句话时，我不禁要仰望星空，问天一句：究竟是什么神秘的自然之力，使得人类在相隔万里、语言不通的不同时空，不谋而合，为自己民族、家族、家庭留下了具有如此相似思想脉络的智慧之书，使得一代又一代，总有相似的灵魂在高处相逢？

伊朗著名学者，"诗人之王"巴哈尔曾不无骄傲地赞曰："它是伊斯兰文明的百科全书。"英国历史学家珀西·赛克斯说："假如有人问我波斯人写的哪本书最能引起英国读者的兴趣，我愿意推荐昂苏尔王子写于公元 1082 年的一本有关生活的道德与规范的著作。"

这是一本靠人们手抄流传下来的经典，成书于公元 928—1042 年之间。这 114 年，中国经历了五代十国的混乱；公元 1042 年进入北宋仁宗庆历二年，西夏大败宋军，范仲淹推行新政。波斯王朝三足鼎立，昂苏尔王子生于其中一个短命的王朝，有着哈姆雷特那样一位觊觎王位的叔父，幸运的是，祖父强势而才华横溢，给了他王子应得的所有关爱与严苛教育，助他日后在离乱中，始终游刃有余，化险为夷。他后来被卖到巴比伦为奴，硬是凭借出色的才能征服国王，娶到公主，生下小王孙……正是为了培养这个儿子，他倾注毕生心血在中年时写下了这本《教诲录》。

这样一个传奇人生，不由得让人想起颜之推，同样的乱离人，一生经历了三次改朝换代，饱受亡国辛酸和苦难，跌宕沉浮，最终凝结成他那本传世不朽的《颜氏家训》。

昂苏尔从王子到奴隶，从奴隶到将军，从王室贵胄到异国宫廷侍者，年轻时所历一切人间沉浮，世态炎凉，都化作人到中年一本真知灼见的了悟文集。成书三百年后，这本书被奥斯曼国王下旨译成土耳其语；经过数世纪，又有了法、德、英、俄、日、阿拉伯、印度文版，并一版再版，成为跨越种族的做人规范、教子范本。它是一个乱世强者的呕心沥血之作，你可以不必作哲人般仰视，但任何人都无法忽视一个饱经沧桑的父亲对儿子的拳拳之心！

在其中一篇《避免声名狼藉的恶果》中，他写到了祖父的故事，这个暴脾气强权的老国王，终被一心夺权的伯父所囚禁，悔之晚矣。昂苏尔借此告诫儿子，不要恣心纵欲，独断专行，以免为人民憎恨；更不能残民以逞，为非乍歹。一个国君，对任何工作都应身体力行，以体会其中甘苦，避免重大失误。罪孽深重声名狼藉的人，定会丧失威信，众叛亲离。

"不为荒谬折腰""富而不贪""时间有灵魂""跳出风尚的围城""智者是明白自己有所不知的人""善行总是产生无数善行"，"激情莫滥用"……我们能做的，就是汲取这些宝贵精华，学以致用，器识为先，无问西东。

族训有方

一　犹太至尊家族：罗斯柴尔德家族十训

1. 重视传统，兄弟间和睦，家族间团结；

2. 不追求金钱，追求良好的人际关系；

3. 教育子女要拥有正确的金钱观；

4. 信息就等于金钱，培养子女从小开始重视信息的重要性；

5. 保持世代相传的收集情报信息的传统；

6. 对过于追求物质利益的思想倾向保持足够警惕；

7. 牢记促使五兄弟和解的"五支弓箭"的教训（犹太经典故事）；

8. 世代保持慈善捐赠的传统；

9. 犹太人之间互帮互助，共同发展事业；

10. 遵守"儿子要继承家业"的祖训。

二　政治世家：肯尼迪家族教子十训

1. 亲手制作孩子的教育日记与读书记录，然后对此进行彻底检查；

2. 帮助孩子养成遵守时间的良好习惯；

3. 父母经常向孩子讲述自己在事业上所发生的故事；

4. 阖家吃饭时要形成一种自然和谐的讨论氛围；

5. 教授孩子"取得第一名成绩的人不会被人无视"的法则；

6. 当孩子遇到困难时，要站在孩子的角度理解并帮助他们解决问题；

7. 尽可能让孩子进入名牌大学读书，使之获得优质的人脉关系；

8. 让孩子明白如下道理：起初的笨拙与不适应，终将会通过得法的反复努力习练而熟能生巧；

9. 告诉孩子如下道理：要树立远大的目标，但切勿急躁，必须循序渐进才能取得成功；

10. 父母、兄弟、姐妹之间，要形成一种和睦相处、互相帮助的良好家庭氛围。

三 瑞典首富：瓦伦堡家族教子训

1. 男孩子在海军服兵役，培养坚忍不拔的精神；

2. 通过在世界知名大学学习与在跨国企业就职开阔眼界，构筑国际性人脉关系；

3. 遵守并重视世代相传的原则；

4. 取之于社会，用之于社会；

5. 父母每周日早晨与孩子们一起散步；

6. 弟弟接着穿哥哥穿过的衣服，以养成俭朴的生活作风；

7. 做事不能鲁莽，避免锋芒毕露的行为；

8. 爷爷作为孙子的人生导师，传授智慧和经验（隔代教育）；

9. 若想成为继承人，首先必须具备一颗爱国心。

四　西雅图银行名门世家：盖茨家族教子十训

1. 留给孩子巨额资产，势必阻碍他成为创意性人才；

2. 父母注重为孩子开创人脉网络；

3. 母亲的影响力可能会转换孩子的命运；

4. 年少时多看科幻小说（电影）；

5. 阅读报纸以拓宽视野；

6. 结交朋友不追求完美，要志同道合；

7. 富家子弟尤其不可娇生惯养；

8. 机会来临时毫不犹豫地迎接挑战；

9. 视经年累积的经验为日后创业基础；

10.父母言传身教，为孩子们树立榜样。

五　诺贝尔奖世家：居里家族教育子女十训

1. 即使不在名牌大学里学习，也不妨碍成为优秀人才；

2. 家庭生活中，实践夫妻平等的原则也是对子女的良好身教；

3. 亲近自然，在大自然中培育子女探求真理之心；

4. 父亲既是家庭教师，又是家庭的引领者；

5. 通过爷爷教育孙辈，实现"隔代教育"；

6. 即使夫妻二人都是上班族，也应该重视与孩子建立互相依赖的关系；

　　7. 母亲的"启蒙教育"至关重要；

　　8. 绝不为继承和发扬家族的荣誉而强迫子女成为科学家；

　　9. 让子女自觉培养自立意识；

　　10. 在探求学问中寻找心灵默契的配偶。

六　印度教育世家：泰戈尔家族教子训

　　1. 营造书香气息浓厚的家庭氛围，通过阅读，弥补在学校无法学到的知识；

　　2. 当孩子无法适应学校生活时，寻找积极的对策；

　　3. 将钱包交给孩子，对他进行经济教育；

　　4. 消除对其他宗教的偏见；

　　5. 引导子女从小接触音乐与美术；

　　6. 通过聘请家庭教师培养孩子的多种才能；

　　7. 通过与子女一同漫游大自然，从而培养子女的想象力；

　　8. 制订周密的计划，使子女从旅行中领悟更多人生道理；

　　9. 成为富翁后积极支持文化艺术。

七　英国六百年世家：拉塞尔家族教子十训

　　1. 过分严格和禁欲主义教育不可取；

　　2. 有效管理时间；

　　3. 不强求特种教育；

　　4. 世代相传自由进步主义精神；

5. 享受自由的同时，履行应尽的义务和责任；

6. 专注于自己的目标，倾注所有精力，自强不息；

7. 为真理奋斗，不计较得失；

8. 不可孤立自己，要在人群中寻找幸福；

9. 尽可能地养成写信的习惯；

10. 一流父母培育出一流子女。

八　俄罗斯六百年世家：托尔斯泰家族教子十训

1. 使整个家族成员都养成写日记的好习惯；

2. 拟定可行完整的时间计划表，并付诸行动；

3. 让孩子通过每天写日记反省一天的行为；

4. 让孩子从小开始大声朗读；

5. 有意识开发子女在音乐与美术方面的才能；

6. 发现孩子的才能后聘请家庭教师为其辅导；

7. 向母语的家庭教师学习外语；

8. 多陪伴年幼的孩子，给他们讲童话故事；

9. 讲述家族发展历史，让孩子对家族产生自豪感；

10. 尽力帮助贫困的邻居。

这些家训，除了罗斯柴尔德家族"儿子要继承家业"，肯尼迪
等家族强调"尽可能让孩子进入名牌大学读书"，不是很具有普遍
性之外，这些瓜瓞绵绵的家族教子都可谓"有义方"，"大节是也，
小节是也"，才可出"上君"。我们从中读出所谓家庭，原来是

"习惯养成、提供教育、共同成长"；所谓贵族精神，原来是"专注、自律、担当"；所谓优秀，原来是"自立、努力、平等"；所谓父母，原来是"陪伴、身教、帮助"。爷孙之间的"隔代教育"原来古今中外相类。"日三省乎己"并非古代中国君子独有；而美术与音乐的涵养，与孔子的"志于道，居于德，游于艺"又何其相似！

慧眼日本

一　千年的志气——社是

大约于公元 770 年，曾作为遣唐使侨居中国 19 年，归国后为皇太子教授《礼记》《汉书》，76 岁高龄的学者、政治家吉备真备以彼时大唐盛行的《颜氏家训》为范本，写就《私教类聚》50 卷，开日本家训先河。随后，家训就成为日本儿童的启蒙教材，成为社会发展的动力。它在发展过程中，逐渐分为武士家训、女子女训、农家家训、商人家训等等。从古至今家训对日本的影响极大。日本企业之所以屹立于世界长寿企业之巅，也与家训密不可分。经营的具体方法可以学，企业的灵魂则是经营者的核心竞争力。

据 2010 年 8 月日本帝国数据银行（亚洲最大企业资信数据库）统计，日本百年企业共 22219 家，创业超过 1000 年历史的企业有7 家，超过 500 年的有 39 家，超过 300 年的有 605 家，200 年以上的企业 3300 家，占全球 60%；超过 150 年历史的企业竟达 21666家之多！全世界 2 万多家百年企业中，日企占 80%。尤其是创办于公元 578 年的寺庙建筑公司"金刚组"，是世界现存的最古老企业，衣钵相传至今已四十余代。全日本每天都有企业达到百年老店标准，而在明年又将有 4850 家企业满 150 岁生日，后年、大后年之后，又将会有 7568 家企业满 150 岁生日……"长寿企业"研究专家横泽利昌教授推定，日本百年企业的实际数量恐超 10 万家。日本企业长寿的秘密，恐怕对同属儒家文化圈的中国更具参考价值。其长寿秘诀：一须敬神佛祖先，二须节制专注本业，三须待人坦诚谦和，四须表里如一。

在"明治维新"与"洋务运动"中，学习西洋技术这一点，中、日是有共性的。最重要的分水岭，恰是日本对中国经典的全国性推广。物质文明如美国，精神文明如几大文明古国，制度文明如日本，不谋而合的是，这些发达文明的背后，皆有家训作为坚实的支撑——家训是文化，文化才是最大的生产力，徒有"法"与"术"成就不了事业长青。以下这些传承人有着极其相似的精神品质。

（一）菊冈汉方

日本汉方药占据了全世界 90% 以上的中药市场销售份额。日本最古老的菊冈汉方药局，距今已有 830 多年经营历史，超出中国最古老中药企业同仁堂整整 500 年。奈良那条小巷尽头，一座二层小木楼，创立于 1184 年的菊冈汉方药局，就静静地立在那儿。

菊冈汉方店面

菊冈汉方药局

菊冈汉方的当代传承人、第 24 代社长菊冈泰政先生看见老熟人，笑眯眯出来，双手擎着装裱着菊冈家训墨迹的镜框，讲述着世代相传的菊冈家训以及传承智慧：

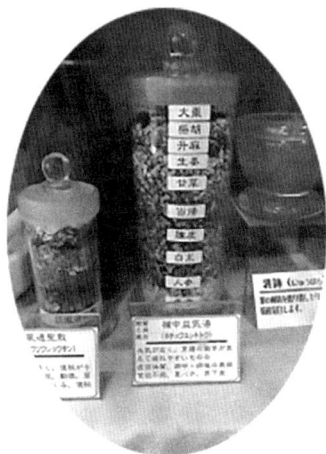

2019 年 6 月十翼书院见学途中拍摄

2019 年 6 月再度造访见学时拍摄

1. 敬神崇祖之训，2. 无病和合之训，3. 勇闯新举之训。以此无惧社会变迁。

药局开间不大，光线也不甚明亮，但各种汉方药陈列如山，迎头就见梁上硕大的笑脸面具，像极了老板本人。我们中有生病想试试开方的，老板给号了脉，一会儿，太太就从里间取出加工好的药，用纸包好说是两天的量。架上亦有著名的陀罗尼丸，据说传自中国道教，曾专门供修行人服用，可改善肠胃环境，可食可嗅，配方也通用于牙膏和外洗剂里。

（二）高野山大师堂

高野山大师堂制香厂社是："用心出品，利益自来""德，事业之基"——做有德行的事情才是事业成功的基础；真正的事业就是德业。堂主高黎先生的母亲 99 岁，至今可自理，独立生活。乃父十一年前以 96 岁高龄去世。让一个人真正长寿的药是德行。大师堂 700 年前是制药厂，300 年前始制香，所有原料皆严选自然材料，香料主要从中国、印尼、越南进口。就连制香的黏合剂都是从楠木中提取的，和以 30% 汉药，30% 药渣，色料也都是食用级别，整个制香过程严格依照《陀罗尼经》制香经文——这样一个"精神工序"无可复制。

一代代继承人也是选自家族中兢兢业业，心无旁骛者。70 多

高野山大师堂制香厂高梨晃瑞老先生

作者 2019 年 6 月摄于日本高野山大师堂香厂

岁的高黎老先生对自己继承人的选择亦如此，长子聪明灵泛，就送去读书做了公务员，"笨笨"的次子从小开始培养，在厂里店里长大。他自己当初已出家又选择还俗，只为传承这份家业，为这份担当。我们问他，300多年来大师堂为什么从未想过扩大？高黎先生憨憨一笑，做出吃饭的动作，款款作答。肖阳老师翻译说，他说够全家人吃饭就可以了。事实上，高野山120多座寺院的香都是大师堂所供，不扩大规制是因为原料本来有限，产品质量又必须是安定有保证的。这安定二字，是数百年的立心！

（三）小丸屋

千年历史，生产团扇的家族企业小丸屋，以"信念不动"为家训。他们又是如何践行这一家训的？传承人住井启子女士告诉我

左起肖阳女士、住井启子女士、米鸿宾先生。作者于2017年12月十翼书院赴日见学时拍摄

们，要时刻想着让客户满意，这是不动的目标。我们在参访时观看纪录片《走向未来的传统》，住井女士洋溢着周身的活力与对工作的热爱，几乎无法相信她竟年近七旬。"只有工匠而没有订单，这样的文化传统亦难传承。""扇子的制作里藏着日本人的精神根源和灵魂。""祖先是根，与树一样，扎根越深，树自然茂盛，无须关心树叶如何。"

在这个时代，从不做广告，全靠口口相传。从一千多年前，始做团扇至今，体现的尽是"担当、孝道、情义、开放的心胸"。正所谓，德相是最大的相，内心的如如不动是最大的能量。

（四）舞昆

七百年舞昆昆布社是（家训）——"确乎不动"。

鸿源社长说，做公司，总会受外界影响，但因为这个"社是"，心中始终有一个目标，故能一直坚持只做海带这一件事。此中有所谓"宝树三忍"——音响忍，无论外界有何等噪音，都不为之动摇；柔顺忍，内心柔韧强大，能担当一切外界非议；无生法忍，无论有多少看似"更有用"的方式，也不会动摇初心。此之谓定力，需要自己做到，传递子孙。

在日本，有送昆布为结婚与生子礼物的传统，昆布与"高兴"发音近似，以此为吉祥妙用。千年前，生于北海道的海带，运到大阪找到了价值（清代时还出口中国，用以交换汉方药和食品），真可谓"橘生淮北为枳，橘生淮南则为橘"。各门兄弟也曾经有过价格竞争，争闹不休，祖父十分震怒。鸿源社长后来以木通花花粉作为天然酵母，也是受到祖父训诫启示。舞昆的用料是海带中最有营

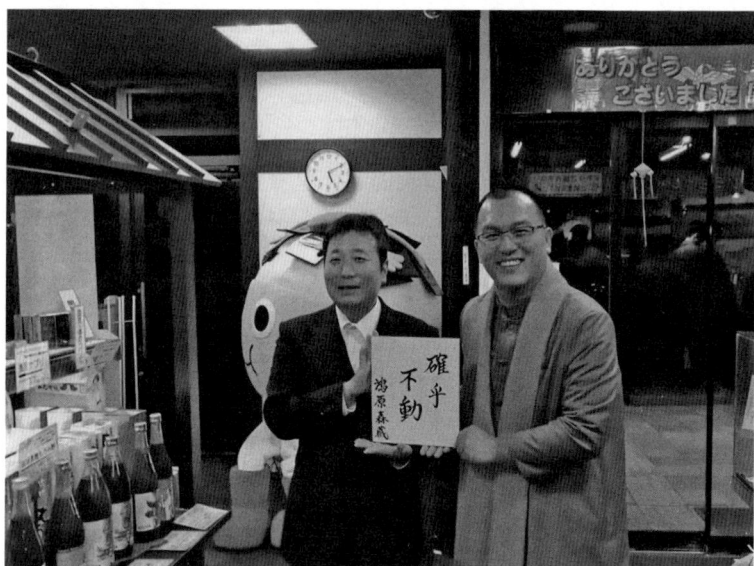

鸿源深藏社长与米鸿宾先生，作者 2017 年 12 月随十翼书院赴日见学时拍摄

养的部分，几乎每个月都会有新品推出。朴素亲和的店铺，处处透着女主人明子女士的设计巧思。各种昆布衍生品，口味很特别，那几款昆布软糖，尝一口就停不下来，顿时理会了"吃了让人想跳舞的昆布——舞昆"的含义。

日本人有"吃米"文化，在战后西化过程中，年轻人对汉堡之类面食趋之若鹜，对米饭的兴趣越来越少。因不忍心看到传统流失的舞昆，在鸿源社长的发愿下，研发生产出适应现代人身体要求与口味的发酵海带，被誉为"味觉魔术师"。发酵海带成为日本的国民美食，全日本独此一家。

说到创新，舞昆正利用新技术生产以低品级海带为原料的环保塑料袋，未来，包装上可"表里如一"。所有的事业，都是在自利

2019 年 6 月摄于舞昆总部二楼，图为鸿源社长讲课

利他的基础上得以发扬光大。今年再度到访，鸿源社长已把社是制作成匾额，悬挂于二楼大厅，在右侧，还有一块"慎思笃行"匾额。

有 300 年历史的和式点心西尾八桥的家训——荫德积——直接来自《司马光家训》："积金以遗子孙，子孙未必能守；积书以遗子孙，子孙未必能读；不如积阴德于冥冥中，以为子孙长久之计！"

西尾八桥先祖的教诲：卖亲切，买满足；目标准，语言圆；放架子，高希望；好脾气，大度量；深思索，快工作；输歪理，胜工作；七分满足，十分不期；为子孙，积荫德。

西尾家掌门，十翼书院 2016 年 7 月日本见学时拍摄

（五）数家日本现代企业

那么，日本现代企业有没有"家训"？

松下企业"家训"——"素直"，即"坦诚"，谁能做到坦诚？"君子坦荡荡，小人长戚戚。"（《论语·述而第七》）

松下立志以产业报国，光明正大，亲爱精诚，以礼让、顺应、感恩图报为企业精神。表现在经商的起点，在于与客户之间心灵沟通，皆大欢喜，交换心意；有将商品提供给需要的人的使命感；有虔敬心，恪守本分，对工作具有感恩之情；尊重哪怕是斥责我们的客户，以换位思考的服务精神，让顾客满意；不夸大商品价值，守持生意正道，实事求是；不为金钱出卖尊严，时刻反省改进，内部沟通；追求正当利润，完成企业使命。

松下幸之助的办公室书架上，摆满日文版的中国经典书籍《易经》、《论语》、《中国式鉴人智慧》(人物志)、《史记》……墙上挂的是内心奉若神明的公司家训。

京瓷"家训"——"敬天爱人",出自明治维新三杰之一的西乡隆盛《南州翁遗训》;日本经营之神稻盛和夫对此的理解:"敬畏天理,以人为本。"天理,是世间万物的规律,是一种"中道",爱人,不仅止于仁慈友善,而是激发员工的自觉,引导人顺应天理去做应该做的事情,自利利他。其思想源头源自《管子》。

稻盛和夫常讲,动机至善,了无私心。人生成功 = 思维方式 × 热情 × 能力。其理念极其朴素简单,但是有恒的坚持是最难的。这在中国古已有之。稻盛和夫的思想源自西乡隆盛,而西乡的偶像是中国明代圣人王阳明。

稻盛和夫肖像 作者 2017 年 1 月日本之行拍摄

大和房屋是日本最大的住宅建筑商，成立于 1955 年。

大和房屋创始人石桥信夫的"水五训"社是，有着令人惊叹的内涵。"水五训"：

1. 自己活动的同时推动他人者，水也；

2. 遇到障碍激起百倍的力量者，水也；

3. 永不停止寻求自己的进路者，水也；

4. 清洁自己也清洗他人的污秽，而清浊兼容者，水也；

5. 量之大可灌满大海，散发时变成雨，冷冻时变成晶莹的冰雪，此特性不会消失者，水也。

石桥信夫纪念馆出口处有张照片和"梦"字。他的梦，是用"真正富裕的生活，即心灵富足的生活"取代仅仅关注物质生活的富裕。58 岁时（1978 年），他手书"志在千里"。他所说的企业标准之一的"速度"，是迅速行动，才是对客户最好的服务。这位"永不退休"的追梦者，致力于将房屋与生活革命、地区资源活化相连接，一生注重实践和创意，并培养了大批人才。

在参观中，我们发现，作为一家企业，它的发展史几乎贯穿战后日本房屋建设的整体脉络，你可以发现它的每一次创新都是日本人生活的一次改善。倘若我们房屋开发商可以有这样的情怀，一个国家的城市乡村的生活质量是完全可以因之而改善的——《易经》曰："举而措之天下之民谓之事业。"使天下人安其居乐其业，这才是真正的事业！

那座几个成人 3 小时即可 DIY 完成的钢结构儿童屋，是 1958

"水五训" 作者 2018 年 1 月拍摄于日本

年开发的，如今已成为文物。置身其中，从小木窗望出去，想到连当年老照片上的孩子都应已然年过古稀。一座住宅，并非技术以及智能化如何吸引人，唯企业家对产品注入的热情和梦想最有价值——它甚至可以影响几代人的价值观，影响一个民族的精神世界！1995 年阪神大地震，大和房屋的成品房，竟无一座倒塌。一个房屋制造企业，将自己定义为持有"持久、安全、安心""福祉、环境、健康"信念的人、街区、生活价值的共创集团时，那句"利用明日不可或缺的技术创造美好未来"的标语就成为哲学。企业家是和平时期的英雄，信夫！

今年二度参访，细观大和房屋综合技术研究所，从实景模拟所展示的面向未来的建材技术，看到的是企业的前瞻性战略和社会担当——墙壁绿化、空气净化系统、土壤净化、免震、耐震技术的运用，未来的人、社区、生活究竟需要什么样的住宅？人类该如何与世界各国和自然万物和谐共生？科学技术该如何为居住环境与自然生态服务？今天的企业该向未来发出怎样的讯息？

大和房屋企业内海报

TOTO，即大仓和亲于 1917 年创立的东陶（京都陶瓷）品牌，在中国市场多年来广受欢迎。它将环保与节能融入到生活之中，并获得了节水贡献奖、环保贡献奖等众多奖项。东陶社是：

1.TOTO 集团为了社会的不断发展，成为世界人民可信赖的企业，将竭尽全力；

2. 创造以水为中心的丰富舒适的生活文化；

3. 通过各种提案，追求超过客户期待的满足；

4. 通过不懈的研究开发，提供高品质的产品与服务；

5. 珍惜有限的资源和能源，保护地球环境；

6. 尊重每个人的个性，实现活跃的工作岗位。

有 80 年历史的理化学工业，生产无尘粉笔。它对幸福感的定义，是"被爱，被赞赏，被需要，对他人有所贡献"，后三点，是通过工作才能体会到的。基于这种理念，创始人大山宏康，始创收留智障人士工作制度，为他们提供自食其力的机会。如今，公司员工中 70%—80% 是智障人士。日本理化学工业被视为"永续光辉的企业"，它给残疾人提供了"在公司工作的喜悦"，并以此"为社会带来活力"。这种企业制度的创造，在唯利是图的社会环境中何其可贵！

京都村田制作所，1944 年创立，其社是——"电子行业的创新者"——通过独自开发、制造和销售随着时代的变迁而不断发展的多种电子元器件。它才是苹果手机核心技术制造商。

……

这无疑是一个勤勉的国家，即使我们如此浮光掠影地参观浏览，其勤奋知止的精神亦可见一斑。人们常说，中国人有优越感，日本人有危机感。日本人总告诉子孙"我们这个国家一无所有，要珍惜资源"。他们已然以安静稳健的步履，在清洁环境、惠及后人的路上行走了几十年。

要么做第一，要么做唯一。大就大得波澜壮阔，小就小得锋利无比。因为第一，可以整合资源；因为唯一，可以突出重围。第一是另一种唯一，唯一是另一类第一。我们在400余年历史的棉布企业"永乐屋"见学时，问细迁先生如何应对竞争对手。这位社长不动声色地回答："如果说有对手，那就是经济的景气与否吧！"其安定从容的气象令人肃然起敬。

日本有三项指标世界第一：研发经费占GDP比例；企业主导的研发经费占总研发经费的比例；核心科技专利在全世界所占比例。所谓泡沫破灭或经济危机、金融海啸，对于时刻保持危机感的国家和民族而言，不过是逆流而上，是一段沉淀下来好好思考一下未来的日子，然后做专注于研发和改善的"傻子"；在退潮的时候，留在沙滩上没穿泳裤的，都是及时行乐、居安从不思危的"聪明人"。这才是企业真正价值之所在。日本不仅仅有诸如丰田、松下、京瓷、索尼、日立……更多的是在国际市场上诸多领域保持领先地位的"隐形王者"。

二 百年树人——学生守则

日本小学生运动会项目——阻力体操，一个并不复杂的运动项目，通常要准备半年，全年级都要参加，旨在培养孩子的合作意识与团队精神。这项运动既是对孩子基本体能与身体素质的检验，更显现成人世界的应有规则：集体意识，感恩之心，同学情谊，平等恭敬，互谅互信。将这些必须以集体之力才能完成的项目放到运动会中，每个学期新入学的孩子都会在汗水泪水中获得最切身的体验——那是没齿难忘的记忆！我们还有必要去宣传"热爱集体""团结同学""我为人人，人人为我"这样虽一贯正确却难以落实的概念和道理吗？

我们因之可深思，日本最可怕的是什么？不是科技，不是军事，而是它的教育，是这样教育出来的下一代。

从幼儿园开始，日本孩子就要轮流负责卫生——老师让孩子们打扫卫生、清理垃圾，整理内务，那叫工作。若放在中国，恐怕第一个不答应的就是家长。在日本新干线，孩子们独自乘坐列车是常态。那档很火的节目《我的第一个差事》，讲的就是两三岁的孩子独自完成去便利店购物以及去邮局寄信的事。

小学校运动会大多只有团体项目，只有团体冠军，没有个人冠军。学校盛行团体运动，比如"千人千足"，多年前电视节目曾连续播出日本小学校的这项比赛，地方所有小学都要参赛。学校以全班为单位进行年级、学校淘汰赛，最终由胜出班级代表全校去参加市县更高级别赛事。瘦弱不善奔跑的孩子也不会受指责或出局。与前面看到的阻力体操一样，团队力量是运动会的宗旨——真正的胜利不是得到名次与否，而是班上每一个孩子都尽全力协作完成一件共同的任务，一个都不能少。

日本小学阻力体操 肖阳老师提供

每年的 3 月 25 日和 4 月 6 日，是日本学校的春假，在这段时间里，孩子们没有任何家庭作业，也不必参加任何由学校组织的活动。放春假之前，小学低年级孩子会带回一份"努力度自我确认表"，这份表格共涉及 14 个小项目，内容如下：

1. 能够做到早睡早起；
2. 一日三餐都好好吃饭；
3. 不挑食，什么都吃；
4. 能够做到总是保持正确的姿势；
5. 能够开朗、大方地大声问候；
6. 没有受过什么大伤；
7. 饭后能做到好好刷牙；
8. 认真洗手、漱口；
9. 在户外精神倍儿棒地玩耍；
10. 没有忘记随身携带手绢和纸巾；
11. 借的东西都好好地归还；
12. 小朋友之间很友好地在一起玩耍；
13. 没有说过小伙伴的坏话；
14. 没有脱离小伙伴们。

想到我国台湾地区的《"国民"生活须知》，从总则到衣食住行娱细则，一条条礼仪规范，细致实用，如理如法，也极适合小家庭教养子女的日用要求，值得借鉴取用。

日本孩子上学，除了自己背书包，还要拎着各种大包小包，里面装着饭盒，以及上体育课换的衣服、鞋袜，而且这些都必须自己亲手整理。我们的孩子有的都已小学六年级，比父母都高出不少了，家长仍要接送，不鲜见老人们替他们背着书包，孩子在一边吃零食……

我儿子四年级的时候，有一天突然说："妈，你能不能不要送我上学了？"我的第一反应是："不早说，还以为你愿意让我送。"他到了建立充分自我意识的年龄，显然，上学那条路，我是该隐退了，尽管几年之间，那条路满是我们的回忆。做妈妈的，要知道什么时候放开怀抱，鼓励孩子独立成长。

很多父母舍不得孩子摔跤、淋雨、受伤，连孩子与小伙伴玩耍或体育课的正常磕碰都难以接受，整日担心焦虑，甚至屡屡出面干涉，孩子变成手心里的瓷娃娃，被剥夺了新陈代谢的机会，也失去了成长的生机，成了一棵病树，从而酿成了日后巨婴症、公主病的苦酒。男孩子在这样的过度呵护下，个个成了生于深宫的鲁哀公，长于妇人之手，未尝知哀、知忧、知劳、知惧、知危，最终会在生活真正的浪头到来的时候，失掉自己的一切，狼狈出逃，成功报废。鲁哀公还有后人哀之鉴之，我们的孩子呢？没有可回头的岁月。

太阳下没有新鲜事，生活富裕所带来的心态变化，与当年那些耽于安乐的亡国之君并无本质区别。殊不闻"傲不可长，欲不可纵，志不可满，乐不可极"的百姓家训！须知要爱，不可溺爱——溺者，本意就是弱，如同人深深沉没于浊水中，至死迷惑不知。

前述那些细致的、极具可操作、可检验性的实用守则，让我们不能不想起两部《朱子家训》，一是夫子朱熹300余言的《朱子家训》，一乃 500 多字的《朱柏庐治家格言》。两者加起来不足千字，个中却是百姓生活最绵密温和又极为有力量的精神支撑和心灵依托。中国人，把它们刻在石碑上，立在祠堂里，工工整整写下来挂在家中明堂，孩子们自幼记诵、熏染，在长者苦口婆心的耳提面命与慈悲心里，定下一生的习惯与品行，传承一代代精神衣钵。

西安碑林博物馆碑刻拓片《朱柏庐治家格言》，民间亦称《朱子家训》

作者于 2018 年 11 月拍摄于西安碑林

黎明即起，洒扫庭除，要内外整洁。

既昏便息，关锁门户，必亲自检点。

一粥一饭，当思来处不易；半丝半缕，恒念物力维艰。

宜未雨而绸缪，毋临渴而掘井。

自奉必须俭约，宴客切勿留连。

器具质而洁，瓦缶胜金玉。

饮食约而精，园蔬胜珍馐。

勿营华屋，勿谋良田……

"居安思危"这四个字本是我们的祖训，却在日本淋漓尽致地落实在了百姓日用中。日本人从小就受到这样的教育：我们的资源极其有限，看上去现在已相当富裕，但浪费会造成良心上的罪恶感。历次地震海啸核辐射所造成的电力紧张，更让日本人感到能源宝贵。即使全社会一直以节能为各行各业及日常生活的习惯，日本人仍然还在认真推行节能，人们自觉在家、办公室和许多公共场合只开一半灯，一些企业甚至配有能源管理师，负责节能标准落地。政府着力公共交通，国民自觉少开车，骑自行车又重新流行。日本是世界上节能减排做得最好的国家，其能源使用效率相当于中国的15倍之多！

　　数次深度参访日本，我们一次次真切体会到其可借鉴之处，一是礼节：对人谦恭有礼，赴约守时；二是信用：诚实守信体现在社会各个层面细节；三是自律：他们的口头禅是"不给他人添麻烦"，每个人都尽力把自己的事情做好；四是团结：始终有强烈的危机意识，非凡的适应能力，不服输的奋斗精神。

以人为本的教育，除了大自然、文化遗产、美术馆、博物馆，于学生时代，所有能够对个人人格塑造起积极作用的领域，都是他们的教育目标。如：学生们除了要去了解城市公共设施，学习各种灾害应急知识和措施之外，还要去参观各行业知名企业，建立一种机制，使国民从小对国家经济命脉的组成部分有深入多元的了解，从细微处践行"知人者智，自知者明"的古训；同时，要求每个人要懂得——以千年之心，以敬畏之心，以感恩之心做事，这些都是成就卓越的重要因素！

孔子曾说过："老者不教，幼者不学，俗之不祥也！"当一国一家，老年人不愿意教年轻人；年轻人傲慢，也不愿意向老年人去请教，这是社会风俗的不祥之兆啊！

心存裕后　2017年5月于韩城党家村拍摄

当我们的孩子还在课堂上为分数至上拼命刷题，把体育课视为可有可无的"副科"时，我们放弃的，绝不仅仅是体能考试的及格指标，而是"振奋其精神"的养成目标，和"立正"与"立志"的精神坐标；当我们只把目光集中在体育"特长生"的竞技水平所带来的一时荣誉时，我们忽略的绝不仅仅是大多数孩子的自尊心，而是人的精气神，是他们对未来的长远希望。当我们为越来越多的"小胖子""豆芽菜""小眼镜""熊孩子"忧心忡忡时，我们能否从这个一水之遥的近邻那里悟出些什么？

后记

写这本拖了两年的书，是一个断而复续的过程。

庚子岁春节的彻底安静，给了无数国人回归自己内心的可能。人在疫情面前终于暂时驯服，那些驰骋田猎的狂野，四十余年来全民的快马加鞭，此时暂歇。

曾经，回顾、反思与慢下来变得从未如此不合时宜，沿途错过的风景与"从前慢"，终于变成远方与诗。人们娱乐并消费一切，包括自己祖先与先贤的慷慨与忧思。

古人在烛火油灯下，以毛笔著书于竹简的情景，让我深深怀疑文明的轨迹，果真是一条上升的曲线吗？

老子五千余言，佛陀五千余言，一部《道德经》，一部《金刚经》，不知度了多少人！今天的书，车载斗量，动辄著作等身，又能有多少真知？

所谓现代社会，人真的更加文明吗？

文明不是线性的进化，它时进时止，是更高维度智慧的投影。

我愿意带着这样的敬畏，仰望头顶的星空，仰望那些或许早已消失，但光芒恒在的星宿。我愿意带着更大的敬畏，仰望星空背后无尽的黑夜，这震撼人心的虚无中，竟藏着怎样的答案？

多年前，我读过美国荷兰裔作家房龙的一本《与世界伟人谈心》。房龙如康德一般，头顶一片星空，手持一篇遗书，随时从容迎迓任何世事变迁。他从未到过中国，不懂汉语，但他接触过一些中国人，在他看来，中国人身上那种于困顿中不变的幽默与隐忍，那种对事物内在含义的微妙感受，是西方人"貌似诚实的笨拙"所无法比拟的。他满心惭愧地说，中国人中那些受过教育的人，在各方面都远胜过我，中国人身上那些"之所以成其为中国人"的品质，即所谓"中国谜团"，都源自孔夫子的品格。对于孔子家族 70 余代的传续，这位西方人大为惊异，他说："没有哪一个意大利家族能追溯到古罗马时代，而一个能寻根至 1500 年前的西欧家族就像英格兰偶尔出现的晴暖天气一样稀罕。"他认为孔子是一位大智大慧的预言家，是一位影响了子孙后代 2500 年的"流浪的哲学家"，是世界哲学家里，唯一一位一直将眼光牢牢盯在那块他极为熟悉的土地上的人。

房龙说，人类的逐利自私禀性，使人很难牢记"己所不欲，勿施于人"，而唯一的方法就是培养一种对全社会利益的爱。孔子思考的问题是，我该怎样，以何种方式，教导人们度过他们的一生呢？如何使他们无论是最贫穷的苦力还是最富有的商人或士人，无论身处何地，都能以最低限度的痛苦和最大限度的满足来享受生活？在房龙那支能使幽旷中的骸骨起舞的神笔下，孔子与柏拉图这二位东西方圣贤，被他邀请来与自己共进晚宴。他无比相信，作为人类灵魂的医生，属于他们的时代终会再来。

说到孔子所建立的行为规范，房龙倒更像一位中国人，他说，如果一个家庭永远处于无休止的争吵中，儿子敢于顶撞父亲，或对母亲出言不逊，这样的家庭又有何前途？因此子女在父母面前保持礼敬和谦逊，父母以理解和耐心对待儿女，会使家庭内部和谐，成为人人喜爱的安居之所。

对孔子生命的最后时光，他有一段极动人的描述：孔子十分从容地迎接了自己的末日，对未来没有丝毫恐惧……儒教从未发展成为一种宗教，无须以天堂或地狱来约束其追随者。

在孔子进入长眠之前，吟出了我们熟悉的短诗——

太山其颓乎，梁木其坏乎，哲人其萎乎！

柏拉图也有最后的短歌——

从前你是晨星，
在人世间发光；
如今死后，
如晚星，
在逝者中显耀。

在柏拉图的信念中，每一位公民必须具备一种公平感，必须虔诚、有理性，必须具备紧要关头为国家勇往直前的勇气。如果能最大限度做到这些，就有可能建立一个快乐、繁荣、睦邻友好的国家，而国家也就获得了公正、公平的基础。个人能拥有这四项美德，便可无大过矣！

熟知不等于真知，认而不识、熟而不悉的事情在这个时代，是一种常态。"是人类为自己确定目标的时候了，是人类种下他最高的希望之芽的时候了。"（尼采）也许今天，站在巨人厚实的肩头，是中国人为自己寻根溯源的时候了。

感恩我亲爱的家人，这本书，是你们温柔相待，宽容以对的结果。因这样近而相得的亲情，我得以不生悔愧，满目生辉。

感恩我尊敬的老师——十翼书院山长，米鸿宾先生。良言一句，生机满天地。若没有恩师"不废今日"的鞭策，温而厉的目光，以及具体而微的接引示教，我恐怕早已望而却步，息于半途。

特别是，在这期间，有了卓生书院。书院名字与院训亦是得自恩师——千载净人意，万机养民心。

感恩温暖的相松老师，其如兄长般的鼓励与安慰，让我于惴惴不安时，悦纳并放心。

感恩十翼书院。五年前，逢善缘遇良师及众同门师友，始知先贤所云"年五十知四十九年为非"因何而起。这一生，之于生命最大的悲哀，莫如到死都不知道自己不知道什么。在书院的每一刻，都是活色生香，都是生命的会心一笑。

百丈禅师说："见与师齐，减师半德；见过于师，方堪传授。"搁笔犹叹，人生百年，已虚度了多少时光！

是为记。

参考书目

经典译注

［汉］司马迁著，韩兆琦评注：《史记》，岳麓书社，2018年版。

［汉］班固著，陈朴注：《汉书译注》，上海三联书店，2014年版。

［汉］韩婴著，许维遹校：《韩诗外传》，中华书局，1980年版。

［隋］王通著，［宋］阮逸注：《文中子中说》，凤凰出版社，2017年版。

［宋］普济：《五灯会元》，中华书局，2016年版。

［清］焦循著，沈文倬点校：《孟子正义》，中华书局，2017年版。

［清］王先谦：《庄子集解》，三秦出版社，2005年版。

黄寿祺、张善文译注：《周易译注》，中华书局，2016年版。

李步嘉校释：《越绝书校释》，中华书局，2013年版。

李民、王健译注：《尚书译注》，上海古籍出版社，2016 年版。

唐翼明：《唐翼明解读〈颜氏家训〉》，湖南科技出版社，2012 年版。

许维遹撰，梁运华整理：《吕氏春秋集释》，中华书局，2016 年版。

余嘉锡著，周祖谟、余淑仪、周士琦整理：《世说新语笺疏》，中华书局，2015 年版。

张涛译注：《孔子家语》，人民出版社，2017 年版。

中外文集

［古波斯］昂苏尔·马阿里著：《教诲录》，吉林人民出版社，2003 年版。

［古波斯］奥玛·海亚姆著，张鸿年等译：《鲁拜集》，四川人民出版社，2017 年版。

［古犹太］塔木德编著，塞妮亚编译：《塔木德（精华版）》，上海三联出版社，2015 年版。

杜崇斌：《大儒张载》，西安出版社，2016 年版。

李文英：《民居瑰宝——党家村》，陕西人民教育出版社，2002 年版。

林徽因：《中国建筑常识》，天地出版社，2019 年版。

刘华：《百姓的祠堂》，商务印书馆，2014 年版。

刘继业、王雅主编:《中国传统家训集萃》,沈阳出版社,2017 年版。

史应勇:《郑玄通学及郑王之争研究》,四川出版集团巴蜀出版社,2007 年版。

徐复观:《中国人性论史》附录一《有关老子其人其书的再检讨》,台湾东海大学出版社,1963 年版。

周淑萍:《大家精要·郑玄》,陕西师大出版社,2017 年版。

(美)理查德·尼克松著,社会文化开发研究所组织翻译:《1999 年:不战而胜》,中国人民公安大学出版社,1988 年版。

(以色列)尤瓦尔·赫拉利著,林俊宏译:《人类简史》,中信出版社,2014 年版。

《历史视野下的中国家风文化》,南方出版传媒 广东人民出版社,2017 年版。

《梁启超品评历史人物合集》,华中科技大学出版社,2018 年版。

《名人家风丛书》系列,大象出版社,2016 年版。

《中国近代思想家文库·陈撄宁卷》,中国人民大学出版社,2015 年版。

《中国名门家风丛书》系列,人民出版社,2015 年版。

《中国思想家评传·梁启超》,南京大学出版社,2011 年版。

辞书

宗福邦等编撰:《故训汇纂》,商务印书馆,2003年版。

[汉]许慎撰,[宋]徐铉校:《说文解字》,岳麓书社,2020年版。

图书在版编目（CIP）数据

家训智慧 / 马辉 著 . —北京：东方出版社，2022.3

ISBN 978-7-5207-2606-1

Ⅰ.①家… Ⅱ.①马… Ⅲ.①家庭道德—中国—通俗读物 Ⅳ.① B823.1-49

中国版本图书馆 CIP 数据核字（2021）第 240722 号

家训智慧

（ JIAXUN ZHIHUI ）

作　　者：马　辉

责任编辑：贺　方　冯　川

出　　版：东方出版社

发　　行：人民东方出版传媒有限公司

地　　址：北京市西城区北三环中路 6 号

邮　　编：100120

印　　刷：北京文昌阁彩色印刷有限责任公司

版　　次：2022 年 3 月第 1 版

印　　次：2022 年 3 月第 1 次印刷

开　　本：880 毫米 ×1230 毫米　1/32

印　　张：8.25

字　　数：184 千字

书　　号：ISBN 978-7-5207-2606-1

定　　价：38.00 元

发行电话：（010）85924663　85924644　85924641
